スプーン 1 杯からはじめる

猫の手づくり健康食

浴本涼子　著

山と溪谷社

INTRODUCTION

獣医師になりたてのころの私は、「ねこちゃんやわんちゃんには、キャットフードやドッグフードしかあげてはいけない」、「病気になったら療法食を食べなければならない」、そう思っていました。ですから、病気のねこちゃんやわんちゃんが療法食を食べない、という飼い主さんのお悩みにも「なんとか食べさせてください」と、答えていました。
　でもだんだんと、食べたいものを食べさせてあげたいな、そう、感じはじめていました。

　その後、愛猫が病気になりました。口の病気だったので、ごはんを食べること自体が難しかったこともありますが、それでもなにか食べられるものを……と、さまざまなフードを試しました。そのとき、今食べられるものを自分でつくれたら、どんなにいいだろう。そう思ったことは今も覚えています。残念ながら、数ヵ月の闘病の後、愛猫は亡くなりました。ですから、次に迎える子はなんでも食べられる子にしよう、病気になっても好きなものが食べられるように、ごはんについて学ぼう！　そう思いました。

　次に迎えたのは犬のゴン太です。手づくりごはんで育てるぞ！　そう思っても、栄養バランスは？　1回量は？　など、疑問や不安がたくさんあって、なかなか一歩を踏み出せませんでした。ですが、ちょっとのせごはんや手づくりごはんに挑戦し、1ヵ月ほど経ったころ、家に来たときからずっとあった涙やけがすっかりきれいになりました。うんちも臭くないし、体臭もない！　これには、私だけでなく家族もびっくりしました。

　ごはんをつくっているとゴン太もわくわく、そわそわ。つくったごはんを食べてくれたときのよろこびは、何度経験してもうれしいものですし、「おいしかった！」といわんばかりに完食して、眼をキラキラさせてこちらを見てくれると、ますます愛おしく感じます。

　そんなよろこびを、ぜひ、多くの飼い主さんに経験してほしい。
　そう思い、この本をつくりました。

　手づくりごはんは、続けることでからだのなかから元気になります。特別な材料が必要だったり、つくり方が難しかったりしては、とても続けることはできません。ですから、この本のレシピは、人のごはんからのおすそわけや取りわけがしやすいものがベースになっています。また、ねこちゃんのためにつくったものを、味つけをして飼い主さんに召し上がっていただけるものもあります。ねこちゃんと同じものを食べることを通して、今まで以上に愛猫との絆が深まるはずです。

　本書が「愛猫にずっと元気で長生きしてほしい」と願う飼い主さんの、手づくりごはんへの一歩を踏み出すきっかけになり、愛猫の健康と幸せのために役立てていただければ幸いです。

浴本涼子

ふかふかのふとん、のんびりひなたぼっこ、
窓の外の景色、なでてくれる手。
猫には毎日、うれしいことがたくさんあります。
そのなかでも、やっぱりごはんがたのしみ。
猫はこの時間をとても心待ちにしています。

Prologue

ごはんがたのしみ

「好きなものはなにかな?」

「今日は野菜にも挑戦してみよう」

うちの子のことを考えてつくるごはんを、

おいしそうに食べてくれたら、きっとコミュニケーションが

深まったと感じることでしょう。

毎朝、おねだりの声で
起こしてくれるのは
猫が健康なサイン。
いつまでも元気に一緒にいたいから、
食べて、寝て、
遊ぶたのしみをもっと感じてもらいたいです。

CHAPTER 2 　はじめての猫の手づくりレシピ

CHAPTER 3　健康食をもう少し掘り下げてみよう

CHAPTER 4　猫の健康生活習慣

市販のフード以外を食べてもいい？

カロリー計算は必要だろうか？

手作りの食を勧くヤカロゲH本分最のだ。

いつかトーレせ水分不足になのそつ。

おやつのせめバイトやらくぶ

担腎のトーム位鰺罸最石むこ

せつ密と菜鰺ニーハハぶら豉せかぶ

この本の見方

本書のレシピでつくるごはんの量はすべて、4kg
の健康な成猫の1日分です。
p.43の「レシピ量のアレンジ法」を見て、愛猫の
体重にあわせて量を調整してつくってください。
手づくり食に切り替え後は、体重・体型の確認、
体調の確認をしましょう。

○大さじ1＝15ml
○小さじ1＝5ml
○1カップ＝200ml
○少々＝人よりも少ないごく少量

本書のレシピは健康な猫を対象としているもので
す。病気がある、療法食を食べているなどの場合
は、手づくり食をはじめる前に獣医師に相談して
ください。健康な猫でも、手づくり食をはじめて不
調が続くようであれば、獣医師の診察を受けてく
ださい。

CHAPTER

1

猫の健康食のきほん

猫のからだにいい食事とは？

ごはんはいつも、カリカリ（ドライフード）をあげるだけ。
そんな猫の食生活に「一生、これでいいの？」と
思っている人もいることでしょう。では、猫のからだによい
食事とは、どんなものなのでしょうか。

猫は犬より野生に近い

　猫と犬は人間に近しい動物として同じように語られることもよくあり
ますが、実はまったく違う生きものです。犬は、人間が狩猟生活を
していたころからのパートナーで、人との暮らしも約2万年以上も前
からと、かなりのベテラン。猫はそれよりもずっと遅くて、約7000年
前といわれています。

　猫が人間の暮らしに関わりはじめたのは、人間が農耕を行うように
なってから。農作物があればネズミが集まり、そのネズミを求めて猫
も集まり、人間のそばにいれば自分自身が敵に襲われることが少な
く、ネズミを捕っていれば人間からごはんをもらえることもあって、い
つのまにか人と生活をともにするようになったようです。

猫の野生を大切にしてあげよう

　そんな猫の遺伝子は、一説には祖先のヤマネコ時代とほとんど変
わっていないそうです。からだも変わらず肉食向きで、腸は短く、穀
物の利用はあまりできません。

　そんな猫にとってのよいごはんは、野生のころに近いごはん。そこ
に、よりよく健康を維持できる工夫を加えることで、血行や腸内環境
が改善され、元気な毎日を送れるようになるでしょう。

からだ全体を元気にする 4 つのこと

血行促進

酸素や栄養をからだの隅々まで届けているのは、全身をめぐる血液です。さらに老廃物など不要なものを運び去るのも血液。血流がよくなればからだは元気に、滞れば不調になります。

体温アップ

「冷えは万病のもと」というのは猫も同じです。猫の平熱は人間よりも少し高めの約38℃。体温の維持ができないと血流が悪くなり、免疫力も下がってしまいます。からだを冷やさないようにすることが大切です。

水分補給

水分が十分に摂れていると血流がよくなり代謝が改善されます。尿が薄まることで腎臓の負担も軽くなります。カリカリの水分量は約10％と少なめ。手づくり食なら自然と水分量を上げることができます。

腸内環境改善

からだに合った食べものを食べることは、それだけ栄養を吸収しやすいということ。そして、からだの内側から元気になるということです。内側が整えば、外側の毛並みも、目の輝きも、改善されていくでしょう。

猫ごはんの栄養学

人間の主食は炭水化物。
そんなこともあって、かつての日本の猫のごはんといえば、
白いご飯にかつお節がかかった「猫まんま」でした。
でも、人間と猫では必要な栄養素は違うのです。

猫が体内でつくれるもの、つくれないもの

　消化・吸収や代謝などの仕組みは、同じ哺乳類でも人間と猫ではずいぶん違いがあります。たとえばビタミンCはコラーゲンをつくるのに必要な栄養素ですが、人間はビタミンCを体内で合成することができません。ところが猫は、たんぱく質を食べればビタミンCを合成できるので、わざわざ食べもので摂取しなくてもよいのです。

　一方で、猫が体内でつくることができないものもあります。なかでも重要なのが、からだをつくる必須アミノ酸のタウリンやアルギニン、エネルギー源として代謝に欠かせない必須脂肪酸のアラキドン酸などです。また、ナイアシンやビタミンAなどのビタミンやミネラルも食べものから摂取する必要があります。これらをおもに含んでいるのが肉や魚といった動物性たんぱく質です。

猫のごはんに必要なもの

　猫は犬よりも野性を強く残していることは前のページでお伝えした通りです。野生の仲間にはライオンやヒョウなどの肉食の動物たちがいます。猫はライオンよりずっと小型ですが、こんなことからも「猫は肉食」ということがわかると思います。ネコ科の仲間同様、猫の健康には、たっぷりとした肉や魚が必要なのです。

からだをつくるのはたんぱく質

80 ～ 90% 肉・魚類

たんぱく質を摂るための食材です。たんぱく質は体内で
分解されてアミノ酸になり、細胞となってからだをつくり
ます。猫はたんぱく質から糖質をつくることができます。

10% 野菜類

ビタミンや食物繊維を摂るための
食材で、からだの調子を整えます。

0 ～ 10% 穀類

いわゆる炭水化物（糖質）で、人では主要なエネルギー源です。
猫にもエネルギー源になりますが、分解はあまり得意ではなく、
多くを必要としないため、最小限に留めます。

猫が摂りたい栄養素

必須アミノ酸	◎**タウリン**　心臓や肝臓の働き、視力に関わるほか、高血圧予防、コレステロールを減らす。 【食材】鶏レバー、豚レバー、あじ、まぐろ（血合い）、さば（血合い）、いわしなど ◎**アルギニン**　血管を広げ、筋肉を強くする。脂質の代謝も促進し、からだの余分なアンモニアを取り除く。 【食材】鶏ささみ、鶏むね肉、豚ロース肉、さば、まぐろ、ごま、かつお節、しらすなど
必須脂肪酸	◎**アラキドン酸**　脳細胞をつくり、細胞間の情報を伝達する。不足すると脂肪肝や食欲低下などを招き、皮膚が乾いて肌つやがなくなる。動物性たんぱく質に豊富。 【食材】卵黄、豚レバー、鶏レバー、鶏皮、いわし、ひじき、わかめなど ◎**リノール酸**　コレステロールを下げ、血管を良好に保つ。 【食材】植物油、ごま、ごま油、ひまわり油など ◎**α-リノレン酸**　高血圧、アレルギー予防に。不足するとアラキドン酸と同様の症状を招く。 【食材】オリーブオイル、なたね油、ひまわり油、大豆、きな粉など
ビタミン・ミネラル	◎**ナイアシン**　代謝を促し、エネルギーをつくり出す。不足すると皮膚や消化器、神経系の障害や、口内炎や舌炎が見られる。 【食材】鶏むね肉、豚肉、鶏レバー、牛レバー、牛肉、さば、かつお、まぐろ、ぶりなど ◎**ビタミンA**　皮膚や粘膜の状態を整える。不足すると感染症や皮膚や眼のトラブルを招く。 【食材】鶏レバー、豚レバー、牛レバー、かぼちゃなど

猫のからだを知っておこう

猫と人間のからだのしくみはずいぶん違っています。
たとえば歯。人間の臼歯は幅が広くてすりつぶすのが得意。
でも、猫の臼歯は尖っていて、切り裂くことしかできません。
こんなところにも食べものの向き不向きが現れます。

からだのしくみから適した食べものを知ろう

　繰り返しますが猫は肉食性の生きものです。それなのに昔の猫
が、ほぼ炭水化物の「猫まんま」だけで生きてこられたのは、以前
は家の外にも自由に出かけられたからだといわれています。家では
猫まんまでも、外に出かけてネズミや小鳥、昆虫などを捕ることで、
必要な栄養は自分で調達できたのです。

　しかし現代の猫は、基本的に家の中にいます。食事は飼い主に
頼るしかありません。猫の生活をよりよくしたいのなら、猫のからだ
についても知っておきましょう。

水を飲まないのはご先祖が理由

　猫のことをより深く知りたいと思ったら、先祖や近い仲間のことを
思い浮かべるのもよいかもしれません。猫はあまり水を飲みません。
その理由は猫の先祖の生態を知るとわかります。イエネコの先祖と
いわれているリビアヤマネコは、アフリカ北部などの乾燥地帯に分布
しています。長年、乾燥した環境に適応した結果、水を節約できる
からだになりました。そのため猫はあまり水を飲まず、尿は濃いので
す。また、ちょこちょこと食べるのは、満腹だと獲物が急に目の前に
現れたときなど、素早く動けないからだともいわれています。

食に関わるからだの特徴

[歯]

全部丸のみ

人の臼歯は平たくて、口のなかで咀嚼する
ところから消化・吸収が始まります。ところ
が猫の臼歯は尖っていて、食べものをのど
を通る大きさに切り裂くだけで、丸のみが
基本です。口のなかはアルカリ性が強いた
め、猫は虫歯にはなりにくいのですが、歯
石が付着することで、歯周病にかかります。

[舌]

肉には敏感

舌にある味覚を感じる器官「味蕾」の数は
人は約1万個ですが、猫はたったの500～
800個で、鋭いとはいえません。また、人間
が感じている甘味、酸味、塩味、苦味、旨
味の五味のうち、甘味は感じませんが、逆
に腐った肉を示す酸味やアミノ酸に対する
味覚は敏感です。

[汗]

かいているけど少しだけ

猫にもアポクリン腺とエクリン腺があって、
汗をかきます。でも、その量はごくわずか。
人間は大量の汗をかき、そこからミネラル
が失われていくので塩分補給が必要です
が、猫には肉や魚にもともと含まれている
以上の塩分は必要ありません。

[鼻]

嗅覚は人の5～10倍

猫の鼻は短く、犬にはもちろん負けてしま
いますが、人よりもずっと鋭い嗅覚をもって
います。手づくり食を食べないときや食欲
のないときには、興味をもつようなにおい
の食材を使い、誘ってみるとよいでしょう。

[内臓]

小腸は短く、
アミラーゼは少ない

食べものの消化・吸収はおもに小腸で行
われます。肉食動物は全般に小腸が短い
のですが、犬の4mに対し、猫は1.7mしか
ありません。犬よりも猫のほうがずっと肉食
性が強いのです。酵素はさまざまなものが
分泌されていますが、炭水化物を分解する
アミラーゼはわずかしか分泌されないので、
猫は炭水化物の消化が苦手です。

猫がよろこぶ食事とは

よい食事をすることは、あらゆる生きもののよろこびです。
人も毎日シリアルやコンビニ弁当ではさみしくなりますね。
猫だってそれは同じ。猫の食生活の充実は、
ともに暮らしている人の心も満たしてくれるでしょう。

偏食も猫の一面

　野生の肉食動物は、狩りに失敗すればごはんは食べられません。
猫はそんな先祖の性質を色濃く残しているため、2日くらい食べなくて
も平気です。そんなこともあって気に入らないごはんに対しては、断
固拒否の態度を取ることもめずらしくありません。

　一方で、何もしなくてもごはんに困らない生活は、とても楽チン。
気に入ったものなら、たとえ毎日、同じカリカリやウェットフードが続
いても不平はいいません。

ごはんで生活に張り合いを

　このように頑固な一面をもっている猫ですが、好奇心は旺盛です。
知らないもの、めずらしいものには用心をしながらも興味を示します。
そんなとき、猫の脳はめまぐるしく動いているはずです。食事の好み
が比較的ころころと変わる気まぐれな猫がいるのも、こういったことか
らの行動かもしれませんね。

　猫の幸せは、もちろん飼い主との関係が大きく、ごはんだけが左右
しているわけではありません。でも、ごはんで猫の興味を刺激できた
ら、それはきっと生活の張りになり、生き生きとした毎日を過ごせる
きっかけになるのではないでしょうか。

お腹とこころを満たすポイント

① におい

犬ほどではありませんが、猫の嗅覚は人間より優秀です。市販のキャットフードには、猫の興味を強く引くためのにおいづけがされているものもあります。

② 栄養

猫は栄養のことを考えて食事をしているわけではありませんが、食べることは栄養を摂ること。栄養価が高く、良質なたんぱく質でお腹もこころも満たされます。

③ 好奇心

猫は食事に関しては頑固ですが、一方で好奇心旺盛で食事の好みもころころ変わることがあります。これは栄養の偏りをなくす効果もあるそう。目新しくても気に入れば、猫はぱくぱく食べてくれます。

④ 鮮度

猫はごはんの鮮度に敏感です。キャットフードも、腐りやすいウェットはもちろんですが、ドライも出しっぱなしでは風味が落ちるし、酸化もします。ずっと器のなかに入っているようなものには見向きもしません。

⑤ 食感

個体の違いも大きいようですが、犬よりも猫のほうが口に入れたときの感覚や舌触りに好みがあるようです。そのため、たとえばスープ仕立てのものに具が入っているフードを好む猫もいれば、カリカリがふやけていると食べない猫もいます。

手づくり健康食ってどんなもの?

手づくり食には、いいことがたくさん。
猫のために、自分でごはんをつくってみたいですか?
それなら今すぐにはじめてみましょう。
猫との暮らしが、もっと豊かになることでしょう。

人間も、手づくりごはんのほうが健康的

　人間も毎日コンビニ弁当や出来合いのものが続くより、手づくりしたごはんのほうが健康的ですよね?　外食もおいしいけれど、飽きないで食べ続けられるのは家庭のごはんではないでしょうか。猫もそれと同じ。飼い主が選んだ新鮮な食材で、その猫を思ってごはんをつくるのですから、からだに悪いわけがありません。

手づくり食で美しく、健康に

　手づくりごはんをはじめると水分を多く摂るようになるので、まずは代謝がよくなります。代謝機能が高まると、一時的に、目やにが増えたり、下痢になったり、反対に便秘になったりするなどのネガティブな反応が起こることもありますが、お腹のなかの環境やからだが、手づくりごはんに慣れ、対応しはじめると、被毛につやが出たり、慢性的な便秘が改善されたり、肥満が解消されたりするなどのうれしい変化が徐々に現れてきます。
　猫は、はじめは手づくりごはんを警戒するかもしれません。でも、そのおいしさを覚えたら、飼い主がキッチンに立っただけで期待でわくわく。こういうよろこびも猫の元気につながります。

手づくり食のいいところ

Good!

◎ 美しく、健康になる

◎ 安心で新鮮な食材を選べる

◎ 添加物が入っていない

◎ 食材の効能を取り入れられる

◎ 体調や好みにあわせられる

◎ 水分補給ができる

◎ 食べる楽しみが増す　etc.

······· ちょっと心配 ·······

●食べてくれないかも？　●傷みやすい　●つくる手間がかかる

●栄養バランスが取れている？　●与える量がわからない

●市販のフードを食べなくなるかも？

そんな心配は、これからのページで解消していきましょう。

できることからはじめてみよう

はじめてはみたいけど、最初からすべてを手づくりするのは
ハードルが高いし、本当に食べてくれるのか、
最初は不安がつきまといますね。
まずは無理のない方法からはじめてみましょう。

食べなくて当たり前

　性格にもよりますが、猫は慎重派。飼い主がどんなにおいしいご
はんをつくっても、すぐに手づくり食に飛びつくことはないと思ってい
たほうがいいでしょう。でも、それでこそ猫！ともいえますね。

　だから、あせらなくていいのです。猫には猫のペースがあります。
せっかくのおいしくて楽しいごはんの時間が、苦行になってはいけま
せん。最初からぱくぱく食べる子もいるでしょう。でも、そうでない子
の場合は、ゆっくり切り替えていけばよいのです。

最初からフルコースでなくていい

　それには最初から100%を手づくり食にする必要はありません。た
とえば、いつものカリカリに手づくりスープをかけてみる、おやつ代
わりにスプーン1杯をなめさせてみる、週に1回だけ手づくりにするな
ど、できることはいろいろあります。

　猫にも好き嫌いはあります。飼い主が食事をしているとき、興味を
もった料理があったら、そこから少し取りわけて、カリカリやウェット
フードにトッピングしてみてもいいですね。そうやって少しずつ、市販
のキャットフード以外にも、おいしいものがあるということに気づかせ
てあげることからはじめましょう。

はじめはスプーン1杯から

① スプーン1杯からスタート

はじめから全部が手づくり食でなくても大丈夫です。最初はひとなめで終わってしまうくらいの、スプーン1杯分くらいからスタートしてみましょう。
⇒ p.54

② ちょっとのせしてみましょう

カリカリやウェットのいつものフードに、少しだけトッピングしてみましょう。トッピングは一緒に与えるものと違和感なく食べられるサイズにするのがポイント。食材は野菜よりも猫の好きな肉や魚を選び、お刺身以外の生のものは必ず加熱してからのせましょう。
⇒ p.64

③ おすそわけという方法も

猫のために一からつくるのではなく、人間のごはんから少し取りわけてみましょう。調味する前に取りわけ、猫にはNGな食材(p.39)が混入しないように気をつけましょう。
⇒ p.60

④ 期間限定でトライ

トライアルだと思って、3日間だけ、1週間だけなど、期間を決めてやってみましょう。ときどき手づくりごはんにすることで、猫も次第に慣れていきます。トライアル中の食べ方を観察することで、猫の好みも探れます。

⑤ 好きな食べものは何？

トッピングなどで、猫の好みの食材を見つけましょう。興味をもつものがあれば、その食材を中心にした手づくりごはんをつくってみます。しばらくしたら、その食材に味や食感が似ている別の食材を試すなどしてみて。

野生の猫は何を食べている?

動物園のヤマネコのごはん

in 井の頭自然文化園

**アムールヤマネコは猫と同じくらいの大きさの野生の猫。
動物園ではどんなごはんで暮らしているか教えてもらいました**

井の頭自然文化園（東京都）のアムールヤマネコのごはんは1日に1回。週に4日は馬肉（または鶏肉）150gと1個約50gの鶏頭3〜4個、週に2日は馬肉だけを与えています。馬肉は赤身でヘルシー、鶏頭は骨ごと食べてカルシウム源にも。ただ、馬肉も鶏頭も冷凍のものを解凍して与えているため、ビタミンは壊れています。そこで週に1日は冷凍をしていないマウス（ハツカネズミ）だけを4〜5匹与えてビタミンを補給しています。新鮮なマウスはアムールヤマネコにとっては楽しみのようで、馬肉などと並んでいると、まっ先に口をつけるそう。体調が悪いときもマウスをあげているそうです。

1週間のカロリーは、オスで1784kcal。冬でも温めて出すことはありません。野生動物なので歯磨きはできず、もちろん腎臓病のリスクもあり、高齢の個体には腎臓サポートの猫缶を与えることもあるそうです。

ケージにはササなどが生えています。これが「猫草」の代わり

馬肉150g
鶏頭4個
（メスは3個）
これがヤマネコの動物園ごはん

アムールヤマネコのユズキくん。2014年に井の頭自然文化園で生まれました。

写真提供／井の頭自然文化園

CHAPTER

2

はじめての猫の手づくりレシピ

猫に食べさせたい食材

手づくり健康食に使う食材は、
人間のごはんでも使う、ごくふつうの食材です。
だから自分や家族のごはんをつくる感覚で
かんたんにはじめることができます。

同じ材料だからはじめやすい

　レシピのページを見ると、どのごはんも人間の食べるものと変わり
なく見えますね。実際、その通りで、違うことといえば塩や醤油、砂
糖などの調味料を使わないことくらいです。ですから猫のごはんをつ
くってあまりが出たら、調味して人間のごはんにする……なんていう
こともできてしまいます。使っている素材も、ごくありふれたもの。だ
からかんたんにでき、長く続けることも難しくありません。

いろんな食材を使おう

　そうはいっても、はじめは食材選びに迷うこともあるでしょう。猫に
とって大切なたんぱく源である肉や魚を使うことはわかっても、猫が
ビタミンやミネラルを摂取できる食材など、見当がつきません。そこ
で、ここでは本書のレシピに登場し、猫が好む代表的な食材を紹介
します。また、人間には問題がなくても、猫に与えてはいけない食
材を39ページにまとめました。

　大きなポイントとしては、同じひとつの食材を使い続けないという
ことです。どんなにからだによいものでも、そればかりに偏ることで、
思いがけない弊害が出てくる可能性があります。食材にバリエーショ
ンをもたせることで、そのようなリスクも回避できます。

猫に食べさせたい
たんぱく源
肉類

主食の動物性たんぱく質のひとつです。必須アミノ酸のタウリン、必須脂肪酸のアラキドン酸、ナイアシンはここから摂ります。冷凍するとビタミン類は壊れるので、冷凍したものを使うときは、ビタミン源は別途確保します。

鶏ささみ

手づくり食の定番食材。アミノ酸のバランスがよく、低脂肪・低カロリーで老猫にも安心です。リンが多いので腎臓が悪い場合は控えます。一口大に切るほか、丸ごと加熱してほぐしても。筋はついたまま調理してもOK。

鶏むね肉

鶏肉では、ささみについで低脂肪の部位で、淡白でやわらか。ささみと同じくリンが多いので、腎臓が悪い場合は控えたほうがよいでしょう。鶏皮はカロリーが高いので取り除いて一口大に切ります。皮なしも売られています。

鶏もも肉

ビタミンAが豊富で、ささみやむね肉にくらべるとリンは少なく、腎臓が悪い子でも安心です。味や香りはよいですが、脂肪も多く、鶏が歩きまわるのに使う部位のため筋肉質で、肉質は少しかためです。皮なしも売られています。

鶏レバー

ビタミンA、ミネラル、ナイアシンが豊富。大きさも手ごろで扱いやすく、猫にも人気です。ただ、食べ過ぎるとビタミンA過剰となり嘔吐や下痢などが起こることも。使用は1週間に1回程度に。血の塊や筋は取り除いて使います。

豚ロース肉

ナイアシンが豊富です。脂肪に旨味があり、好んで食べる猫もいます。バラ肉ほどの脂肪の量ではないので、肥満でなければ、取り除かないで与えて大丈夫。厚切りなら猫の一口大に、薄切りなら、1cm角に切って使います。

牛もも肉

赤身で脂肪が少なく、鉄や亜鉛などのミネラルが豊富、ナイアシンも含む良質なたんぱく質です。薄切りは1cm角、塊肉は一口大に切ります。筋っぽい部分は包丁で繊維を切ると食べやすくなります。霜降りは避けましょう。

猫に食べさせたい
たんぱく源
魚類

魚には、タウリン、アラキドン酸、ナイアシンが多く含まれ、からだを温める作用があります。刺身用以外は必ず加熱し、猫の一口大に切ったり、ほぐしたりして与えます。硬い骨は取り除きますが、圧力鍋でやわらかく調理したものは与えても大丈夫です。

たら

タウリンが多く、高たんぱくな反面、脂肪は少なく低カロリーで、胃腸の弱い猫、子猫、老猫にも食べやすい魚です。切り身は丸ごとゆでると栄養分の流出を最小限に。無塩の生だらを選び、ゆでてから、ほぐしたり、切ったりして使います。

鮭

ビタミンAやナイアシンが豊富で、血流をさらさらにするEPA（エイコタペタエン酸）、脳や神経の働きを高めるDHA（ドコサヘキサエン酸）が含まれます。胃腸を温める作用も。生鮭を選び、グリルなどで焼き、熱いうちにほぐします。

まぐろ

たんぱく質が多く、赤身にはミネラルとナイアシン、血合いにはビタミン、鉄、タウリン、EPA、DHAが豊富。生で与えるときは、柵や刺身を一口大に。加熱するときは丸ごとか適当な大きさにスライスし、焼きたてをほぐします。

あじ

タウリンやEPAが豊富です。骨を細かく砕けば、カルシウム補給もできます。刺身用は生を一口大に。内臓を取り除き、1匹丸ごとを焼いてほぐして与えても。

かつお

高たんぱくで、血合いにはビタミンA、ナイアシン、鉄、EPA、DHAも豊富です。生で与えるときは、柵や刺身を一口大に切るなど、まぐろ同様に扱いましょう。

ポイント
生魚の注意点

生魚にはビタミンB1欠乏症を引き起こす酵素があります。大量に与えたり、食べ続けたりしなければ構いませんが、刺身用以外は原則として加熱します。皮は栄養たっぷりなので与えてOK。人が食べないような硬い骨や内臓は取り除きます。

そのほかの たんぱく源

猫が好んで食べ、たんぱく源になるものは、ほかにもいろいろあります。猫が飛びつくような食材が見つかれば、手づくり食のメニューの幅が増えるでしょう。与え方に注意しながら、いろいろ試してみましょう。

卵

良質なたんぱく質を含み、動脈硬化の予防、肝臓や心臓の働きを強めるなどの効果が。生の卵白の酵素は皮膚炎や結膜炎の原因になることもあるので必ず加熱します。

ひき肉（ミンチ）

火が通りやすく、やわらかいので、どんな猫にも食べやすい食材。そのまま加熱しても、団子状に成型して与えてもOK。鶏・豚・牛肉だけではなく、魚のミンチも使えます。

ラム肉

生後12ヵ月未満の羊肉です。本書のレシピには登場しませんが、猫が好む肉のひとつ。ミネラル豊富で、コレステロール値を下げ、動脈硬化や血栓の予防効果があります。

ぶり

ビタミンA、ナイアシンが多く、DHA、EPAも豊富です。カロリーがやや高めなので、使用頻度は抑えめに。切り身はそのまま焼いてほぐして、刺身用は生のまま一口大に。

さば

EPA、DHAが豊富です。傷みやすいので、新鮮なものを選び、しっかり加熱して使います。塩分不使用の缶詰など、加熱加工されているものを利用する方法もあります。

ほたて貝柱

タウリンが豊富ですが、生のままだと急性ビタミンB1欠乏症の原因に。必ず加熱します。ひもや内臓は使用不可。あわび、さざえ、とこぶしも同様です（→p.39）。

かつお節

たんぱく質の塊で、タウリンも含みます。だし取りだけではなく、トッピングとしてあらゆる料理に使えます。小分けされたパックや削り節を常備しておくと便利です。

煮干し

α-リノレン酸とカルシウムの補給ができ、コレステロールを抑えます。粉状はだし取りやトッピング、丸ごとはおやつに。人間用の場合は、無添加のものを選びます。

豆腐・おから

豆腐のたんぱく質は吸収しやすく、リノール酸が動脈硬化を防ぎ、レシチンが血液をさらさらに。おからはカルシウムと食物繊維が豊富。からだを冷やすので、温めて使用。

ポイント

牛乳はカッテージチーズにすればOK

猫は牛乳に含まれている乳糖を分解するのが苦手で下痢になることもあります。そのため牛乳そのものを与えるのは避けたいのですが、カッテージチーズ（→p.54）にすれば乳糖が分解され、高たんぱく・低カロリーの安心食材になります。ヨーグルトも乳糖が分解されているので与えても大丈夫です。

猫が好んで
食べる
野菜類

野菜は、ビタミンはもちろん、食物繊維の補給に欠かせません。食物繊維は腸内環境を整え、また、毛玉対策にも有効です。原則としてやわらかくゆでて、細かく刻んだり、すりつぶしたりして与えます。

かぼちゃ

ビタミンCと抗酸化物質であるβ-カロテンを多量に含み、粘膜を強くし、免疫力を高めます。食物繊維も豊富で、皮も食べられます。冬至の日に食べることで知られるように、温性の食材。血行促進効果があります。

ブロッコリー

猫が好む野菜のひとつで、β-カロテンが粘膜を強くし、免疫力を高めます。つぼみ部分だけでなく、茎も細かくきざんで、やわらかくゆでれば使えます。

にんじん

β-カロテンの含有量は野菜のなかでトップクラス、抗酸化力も高い野菜です。芯よりも、皮に近いほうが栄養豊富。よく洗い、皮ごとやわらかくゆでてきざんだり、ペーストに。生はすりおろすなどして使います。

小松菜

ビタミンCやβ-カロテンが多く、カルシウム、カリウム、鉄分も豊富。ほうれんそうと違いシュウ酸を含まず、アク抜きせずに調理が可能。生のまま使うこともできます。

山いも・長いも

水溶性の食物繊維が腸内の善玉菌を活性化させます。また、ネバネバ成分のムチンが、弱った胃を保護します。いわゆる「とろろ」と呼ばれる野菜で、生をすり下ろしたり、加熱して使います。

だいこん

生をすりおろすと現れるイソチオシアネートという辛味成分は免疫力を高め、殺菌作用や食欲増進作用も。また酵素が消化を助けます。おろす場合は酸化しやすいのでおろしたてを使用。生はからだを冷やす涼性で、加熱すると温性になります。

きゅうり

体内から老廃物やナトリウム（塩分）を排出するカリウムを含みます。また、利尿作用により、腎臓の濾過機能を助けます。ほとんどが水分で、からだを冷やす食材です。すりおろしたり、みじん切りにしたりして使います。

かぶ

免疫力を高めるβ-グルカンが多い食材です。根は水分が多くてやわらかく、火の通りも早く便利。生をすりおろしたものは大根ほどお腹を冷やしません。葉は小松菜以上にカルシウムが豊富なので、活用しましょう。

きのこ類

きのこ類も免疫力を高めるβ-グルカンが多い食材。ナイアシンも多く、繊維質も豊富です。人と同様に、生で食べるとアレルギー反応が出ることも。必ず細かいみじん切りにし、加熱して使います。からだを冷やす食材です。

さつまいも・さといも

さつまいもは不水溶性の食物繊維で便秘解消に向きます。β-カロテンも含んでいますが、糖分が多いので食べ過ぎには注意。さといもは水溶性の食物繊維であるネバネバ成分が、粘膜を保護し消化を助けます。

ほうれんそう

鉄分などのミネラルが豊富で貧血の予防になります。生のものには尿路結石を進めるシュウ酸が多いので、必ずゆでて水にさらし使います。結石の子は使用を控えます。

 ポイント

甲状腺の病気にはアブラナ科に注意

甲状腺は、のどの近くにあるホルモン分泌器官で、新陳代謝に関わりがあります。その甲状腺に疾患や病気があるときは、アブラナ科の野菜を控えましょう。大量に食べると甲状腺の機能に影響があるといわれます。アブラナ科には小松菜、ブロッコリー、だいこんなど、よく使う野菜が多くあるので注意します。

そのほかの食材

メインの食材を補助する目的などで、時々使う食材です。ごまや青のりは、手づくり食やフードの食いつきが悪いときなどのトッピングにも活用できます。味噌やにんにくは、使い過ぎないように気をつけましょう。

すりごま

鉄分、カルシウム、ビタミンE、不飽和脂肪酸などが豊富です。活性酸素の発生を抑制する作用も。消化・吸収しやすいよう、すって使用しますが、酸化しやすいので、なるべく使う直前にすりましょう。

青のり

ミネラルやビタミンAが豊富です。手づくり食の仕上げにふりかけると磯の香りが猫の食欲をそそります。涼性の食材なので、温性の食材を多く使ったごはんに加えると、バランスがとれます。

ひじき

カリウム、カルシウム、リン、鉄などのミネラルやビタミンAが多い低カロリー食材。食物繊維も豊富で便秘予防に効果的です。乾物は水で戻し、細かく刻んで使います。さっとゆでてもOKです。

はちみつ

疲労回復効果、殺菌効果があり、ビタミンやミネラルも豊富です。ただし、ボツリヌス菌を含むことがあり、人も1歳児未満に与えることは避けています。子猫も避けたほうがよいでしょう。

味噌

腸内環境の改善が期待できる発酵食品で、消化促進効果もあります。米や麦、豆など、どの味噌を使ってもよいですが、無添加のものを選びます。塩分が高いので、耳かき1杯程度の少量を使います。

しょうが

しょうがはからだを温める効果の高い食材で、抗菌・殺菌作用があり、食欲増進や血流を促す効果もあります。使うのはごく少量なので、パウダー状に加工されたものがあると便利です。

にんにく

抗菌・殺菌作用があり、コレステロールを抑え、免疫力を上げます。ただし、猫には食べさせてはいけないねぎ類の仲間。与えるのはごく微量とし、多用や常食は避けます。生でも加熱して与えてもOK。

 ポイント

炭水化物について

猫は炭水化物は不得意ですが、まったく消化・吸収できないわけではありません。腎臓を傷めている場合、ステージによってはたんぱく質の量を減らすことがあります。そのようなとき、減った分のカロリーを補うために炭水化物を利用することもあります。

猫に与えてはいけない
NG食材

人間や犬には害はなくても、猫が食べると害になる食材もあります。
取りわけをするときなど、混入に気をつけましょう。
ここにあげたもの以外にも猫に有害な食材はあります。

ここにあげたNG食材以外に、一般に大丈夫といわれていても個体によっては中毒やアレルギー反応が出るものもあります。新しい食材を与えるときは猫の状態をよく観察し、具合の悪そうな様子が見られたら、受診をしてください。また、食材以外にも、切り花や観葉植物で危険なものも多くあります。誤飲・誤食には気をつけましょう。

長ねぎ、たまねぎ、にらなどのねぎ類

ねぎ類には猫の血液中の赤血球を破壊し、貧血の原因となる成分が含まれています。この成分は加熱しても破壊されませんから、ねぎ類のゆで汁やスープを取りわけることもNGです。少量がうっかり口に入る程度なら重大なことにはなりませんが、度重なると危険なことがあります。

あわび、さざえ、とこぶしのひもや内臓

これらの食材には、食べたあとで日光に当たると皮膚にかゆみを生じたり、はれたりする光線過敏症を引き起こす物質を含んでいます。毛の少ない耳の皮膚などに日光が直接当たると、かゆみを発して、掻き壊すなどの炎症を起こします。貝のひもや内臓は与えないようにしましょう。

生のいか、生のたこ

タウリンが豊富ですが、生のいかやたこは、ビタミンB1欠乏症を引き起こすチアミナーゼという酵素を含んでいるので与えるのは控えましょう。「猫がいかを食べると腰を抜かす」といわれているのはこのためです。タウリンはゆでると水に流れ出すので、ゆで汁だけ利用する方法もあります。

チョコレート

チョコレートやココアに含まれているテオブロミンという興奮物質が心臓や中枢神経を刺激して、血圧上昇や不整脈を起こしたりします。けいれんを起こすなど、死に至ることもあります。カフェインも同じような症状を起こすので、コーヒー、紅茶、緑茶もNGです。

生のじゃがいも

人間にも危険なソラニンなどの毒物が含まれています。特に芽や緑色をした部分などに多いことが知られていて、腹痛や嘔吐を引き起こします。生のじゃがいもを直接与えることはまずありませんが誤食には注意しましょう。いもの部分だけでなく、花や葉も危険です。

アロエ

人には健康食品のイメージがありますが、アロエの樹液には猫の下痢や体温低下を招く作用があります。すぐに重篤な状態になるわけではありませんが、人によいからといって与えることはやめましょう。鉢植えされているものを食べてしまう可能性もあります。

手づくり健康食の考え方

手づくり食にはいいことが、いっぱいあります。
でも、市販のフードを完全に止める必要はありません。
できることからやってみる。できることだけやる。
難しいことは何ひとつありませんから、ご心配なく！

猫は用心深い頑固者

　猫は用心深い生きものです。だから食材の変化にも敏感です。さらにとっても頑固です。猫が何を食べて何を食べないかは子どものときに決まってしまうといわれていて、どの猫も離乳期に食べなかったものは、「頑！」と拒否する傾向にあるそうです。今まで見たこともない手づくり食を出されても、食べものとさえ思わずに、砂をかけるようなしぐさをすることもあります。ですから手づくり食も「食べてくれたらラッキー！」くらいに思って気楽に構えていましょう。

100%手づくり食にしなくてよい

　それに市販のフードはNG、100%手づくり食にしなくてはいけないなんて思うことはありません。たとえば、つくりおきもできないような急な用事で何日か留守にするときもあるでしょう。そんなとき、キャットシッターさんに、その都度、手づくり食をつくってもらうのは難しいかもしれません。大きな災害のときも、猫を連れて避難できたとしても、避難先では手づくり食は無理でしょう。そんなときはキャットフードを食べてくれたほうが助かりますよね？

　そんなわけであまりシリアスに考えなくても大丈夫。その子に合う方法は必ずあります。まずははじめてみましょう！

手づくり健康食、4つの心得

① 食べてくれたらラッキー

猫は離乳期に食べた経験のないものは口にしない傾向にあります。手づくり食への切り替えを考えている現在、すでにある程度の年齢になっていることでしょう。それでも食べてくれるものはあるはず。「食べたらラッキー」くらいに考え、少しずつ気長に続けていきましょう。

② レシピ通りの食材でなくてもOK

本書のレシピは、食材による何かしらの効能を期待して組み合わせを考えています。でも、必ずしもレシピ通りでなくてもよいのです。「豚肉とピーマン」を「豚肉とかぶ」にしてもOK。大きな目的は手づくり健康食を実践するということ。レシピはあくまで一例です。

③ 市販のフードも嫌いにならないで

手づくり健康食をはじめても、市販のカリカリやウェットフードを完全に止めることはありません。留守で他人に預けたり、災害やその他の理由によって、手づくり食をあげられない日があることも。そんなとき困らないように、手づくり食以外の道も残しておきましょう。

④ バランスを守れば栄養は偏らない

人間も、毎食、栄養計算をして食べている人は少ないでしょう。猫の食事の基本は「肉・魚類：野菜類：穀類＝80〜90％：10％：0〜10％」。だいたい、この割合にしておけば、栄養が大きく偏ることはありません。ほら、手軽にはじめられそうですね。

1日に必要なごはんの量

手づくり食を不安に思う理由のひとつに、
与えるべき量がわからないことがあげられます。
この本のレシピをもとに、うちの子にぴったりの量を
割り出していきましょう。

その子にあった分量を調整

　猫の食事の適正量は、猫が消費するカロリーから決まります。カロリーオーバーなら太り、足りなければ痩せたり、元気がなくなったりします。人間は、特別な理由がなければ、毎食のカロリーを計算して食事している人は少ないでしょう。でも、私たちは感覚として、体調によって食べものを選び、食事内容や量を調整しています。猫も同様で、飼い主が、その子の体型や体調を見ながら食事を調整します。2週間ほどのスパンで太るようなら減らす、痩せるようなら増やす、と与える量を調整していきましょう（84ページ参照）。

ごはんの量を決めるには

　市販のフードには体重別の「1日の給餌量」が記載してありますが、手づくり食にはありません。本書のレシピは4kgの成猫の1日分（2食分）で分量を表示しています。4kgより重い場合は全体の量を少し足し、軽い場合は少し減らします。注意すべきは、その猫の適正体重を基準にして与える分量を計算すること。まずは78ページを参考に、うちの子の適正体重を知りましょう。体格以外にもその子の体質やその日の体調によっても、与える分量の調整は必要です。「今日の体調はどうかな?」と、毎日、よく観察することが大切です。

ごはんの量の決め方

レシピの分量は 4kgの成猫1日分

本書のレシピはすべて、4kg
の健康な成猫の1日分です。
食事が1日2回の場合、でき
あがりの半量ずつ与えます。

下の計算式をもとに レシピを増減

うちの子の適正体重（p.78）が
わかったら、下記の方法で材料
の分量を割り出して、ごはんをつ
くってみましょう。

観察しながら 量を調整する

ごはんが変わるとからだ
が変わります。日々の食
いつきの様子や食べる
量をはじめ、2週間を目
安に、体重の増減、体調
などを観察して、ごはん
の量を調整していきます。

レシピ量のアレンジ法

本書の1日分の分量は、体重4kgの健康な成猫を基準としています。まずは、分量を4で割り、
体重1kgあたりの分量を出します。その後、その子の体重をかけます。体重が6kgの猫なら、
4kgの猫の1.5倍なので、レシピの全体量を1.5倍にしてつくってください。材料を増減するとき
は細かなグラム数まで厳密でなくても大丈夫です。

4kg（成猫）の1日分の分量÷4 ⇒ 1kgあたりの分量×6kg（体重）

*手づくり食ビギナーの猫は手づくり食にまったく口をつけないこともあります。まずは、本書レシピの分量通り
につくって様子をみてもよいでしょう。

調理のきほん

猫のごはんは人間のごはんづくりと基本的に同じです。
ただ違うのは、味つけの必要がないということくらい。
猫が食べやすい大きさに切って、よく火を通す。
それだけで、もう、できあがりです。

新鮮な食材でつくる

　猫のごはんに味つけは不要です。メインのたんぱく源に、取り合わせる野菜を数種類。それが決まれば、あとは食べやすい大きさにして、十分に加熱をすればできあがりです。ただし、猫は食材の鮮度には敏感です。特に肉や魚は鮮度が落ちると、それだけで口をつけないことも。まぐろの中落ちのことを「猫またぎ」といいますが、これは「猫がまたいで通る」という意味。中落ちは脂が多く、冷蔵設備のなかった昔は傷みやすい部位の筆頭でした。そうなると猫さえ見向きもしないということからつけられたものです。

　まとめ買いをしたときは、購入後、すぐに下処理や調理をして冷蔵庫に保存するか、1回量ごとに分けて冷凍庫へ。冷凍するとビタミン類は壊れてしまうので、ビタミン源は別途確保しましょう。

好みが変わるのは本能から!?

　前述しましたが、新鮮であっても同じ食材やレシピが続くのはリスクがあります。特にメインの肉や魚は頻度に気を使いましょう。

　一般に猫は飽きやすいといわれ、好みがころころ変わるのは悩みの種です。しかし、好みが変わることで何かひとつのものに偏りすぎるリスクを、猫自らが回避しているとも考えられるでしょう。

あると便利な道具

すりおろし器

計量スプーン

鍋

すり鉢

スケール

猫だけのごはんなら、分量はほんの少し。量の感覚がつくまでは、計量スプーンやスケールはあると便利です。また、少量を加熱しやすい小鍋も活躍します。おろし器やすり鉢があれば、野菜類を食べやすくするのが比較的容易です。

分量の目安・肉類

鶏肉100g

ひき肉100g

本書のレシピでは、肉類は1日分（2食）100gをベースにしています。100gの肉は、だいたいこのくらいと覚えておくと計量の手間が省けます。お肉屋さんなどで量り売りしてもらい購入するのもよいでしょう。

分量の目安・野菜類

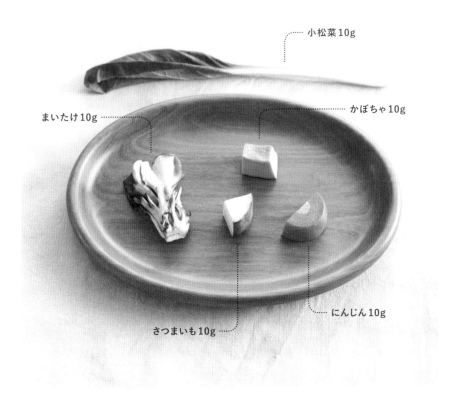

小松菜 10g

かぼちゃ 10g

まいたけ 10g

にんじん 10g

さつまいも 10g

本書のレシピでは、野菜類は10gずつ切りわけて使うことがほとんどです。こちらも目分量でだいたいこのくらいと覚えておくと便利。まとめて調理して、10gずつに小分けをして冷蔵保存しておく方法もあります。

食材の切り方

ペースト

細かいみじん切り

一口大

すりおろし

肉や魚の「一口大」は、ふだん食べているカリカリと同じくらいの大きさが目安です。猫は口のなかでほぼ咀嚼をしません。野菜はペースト状かすりおろし、あるいは細かいみじん切りにすると、丸のみしても消化吸収されやすくなります。

調理のポイント

point 01　野菜はよく洗う

野菜は流水で洗います。水でもぬるま湯でも構いません。特にブロッコリーやほうれんそうのような野菜は、残留農薬の心配もあるので丁寧に。にんじんなども、皮つきで使うときはきちんと洗います。

point 02　脂身や鶏皮は取り除く

脂はカロリーが高いので、ダイエットが必要な子のときは、豚肉ならバラ肉は避け、鶏皮は取り除きます。ただし、脂は旨味も強いので、豚のロース肉程度なら、そのまま残しておいてもOKです。

point 03　魚は皮も使う

魚は皮にも栄養があるので、取り除かないで調理します。皮に多い栄養は、猫に積極的に食べさせたいビタミンAやナイアシン。血流をよくするDHAや脳・神経の働きを高めるEPAも豊富です。

point 04　十分に火を通す

刺身用は別ですが、生肉や生魚には雑菌や寄生虫の心配などがあります。生食や半生でもよいとする意見もありますが、安全に食べるためには人の食事と同様、十分に火を通してください。

point 05　アクを取る

肉や野菜をゆでると浮いてくる「アク（灰汁）」は野菜のえぐみや渋み、肉や魚の臭み成分や余分な油です。人の料理同様に取り除くことで、おいしくできあがり、カロリーカットにつながります。

point 06　味つけはしない

人には感じられなくても、そのままの肉や魚には塩分が含まれています。猫は人間のように大量の汗をかきません。汗から失うミネラルもあまりないので、塩や砂糖などで味つけする必要はありません。

point 07　つくりおきOK

冷蔵や冷凍もOK。1食ずつ分けられる少量用のストック袋や保存容器が便利です。冷凍なら約1カ月は保存可能。ただ、冷蔵・冷凍すると風味は落ちるので、嫌がる猫もいます。冷蔵したものを与えるときは冷たいままではなく、人肌程度に温め直すと食がすすむでしょう。

与えるときのポイント

市販のフードは器にざっとあけるだけでしたが、
手づくり食には与えるときのポイントがいくつかあります。
猫に手づくり食を食べてもらうため、
はじめる前に確認をしておきましょう。

捕りたての獲物は温かい

　昔は猫も自分で狩りをしていました。獲物を口にするとき、捕りたての獲物はまだ温かだったはずです。一方で「猫舌」という言葉があるように猫は熱いものは苦手です。地球上でごはんを加熱するのは人間だけで、獲物の体温以上に熱い食べものは動物には不自然です。つまり猫が食べやすいごはんとは、冷たすぎず、熱すぎない温度のもの。手づくり食が熱かったら冷まし、冷たかったら少し温めて、「人肌」程度にするとよいでしょう。

併用期間中は市販のフードを減らす

　すぐに全部を手づくり食に切り替えるのは難しく、市販のフードとの併用期間があるとよいでしょう。併用期間中は、60ページの「おすそわけごはん」で示しているように、手づくり食が増えた分、今までのフードを減らしてください。

　また、手づくり食は傷みやすいので長時間出しておくのは避けたいのですが、ごはんを一気に食べきる猫ばかりではありません。ちょこちょこ食いの猫の場合、器を早く下げすぎると、空腹のままということにもなりかねません。「うちの子」の食べ癖を把握して、器を下げるタイミングを見計らってください。

「いただきます」のその前に

人肌程度の
温度で与える

できたての手づくり食は熱々のものもありますが、人肌程度に冷ましてから与えましょう。また、冷めているときは人肌に温めると、においも立ち、猫の食欲を刺激します。

トッピングする分
フードは減らす

手づくり食とフードの併用期間中は、今までの市販のフードを減らします。トッピングの量にもよりますが、基本は、市販のフードは70%程度に減らしましょう。

傷む前に回収する

手づくり食は水分量が多く傷みやすいので、衛生的な観点からも30分くらいで下げたいところ。特に夏場は気をつけたいです。ただ、ちょこちょこ食べる子もいます。「うちの子はいったん休んでから、30分後にまた来て完食する」など、食べ癖を把握して、器を下げるタイミングを見計らいます。

市販のフードも
ときどき食べさせる

手づくり食しか食べないようになってしまうと、長期間の留守のときや、万が一の避難生活のときなどに困るかもしれません。手づくり食を主体とするとしても、市販のフードもときどき食べさせて、どちらも食べられる状態をキープしましょう。

外出の直前は
手づくり食はやめておく

飼い主が外出する直前に与えると、食べ残した器を下げられません。手づくり食をはじめたばかりで、なかなか食べないようなときなどは、外出直前に手づくり食を与えるのは避けた方が無難。落ち着いて対応のできる休日などに試してみましょう。

手づくり食の慣らし方

よいことの多い手づくり食ですが、用心深い猫には謎のモノ。
もしかすると最初のうちは、
「ごはん」とさえ思ってくれないかもしれません。
まずは「ごはん」と認識させるところからはじめましょう。

粘り強く取り組んで

　市販のフードでも、切り替えるにはしばらく時間がかかることもあり
ますね。すぐに食べてくれる子ならよいのですが、そうでないときは、
気楽なきもちで、気長に取り組みましょう。

　一番の問題は、手づくり食を「ごはん」と認識してもらうことかも
しれません。「ごはん」だということがわかり、「おいしい」と思って
くれるまでが勝負です。

猫の食欲をオンにする工夫

　人肌に温めるとよいことは前述した通りですが、そのほかにもいろ
いろな工夫があります。猫は案外、「気がつかない」動物です。ご
はんを出しても、手招きしたり、目の前に器を差し出したり、鼻先に
もって行かないとわからないこともあります。シニアの猫ほど、その
傾向があるようです。まず、猫に気づかせる工夫をしましょう。

　また、目の前のものに気づき興味をもっても、嫌いな食材が入って
いると食べないこともあります。苦手な食材がわかったら、それを抜
いて再チャレンジ。手づくり食に慣れてきたころに、苦手なものも少
しずつ加えて、食べられるものを増やしていきましょう。盛りつけのと
き、好きなものを一番上にトッピングするのも効果的です。

食べてもらうためのあの手、この手

トッピングをする

かつお節やしらす、市販の猫用おやつなど、確実に好きなものをちょっとだけトッピング。好きそうな肉や魚で、苦手そうな食材をかくしてしまう方法も有効です。

器を目の前に差し出す

いつもの場所に器を置くだけでは、「ごはん」と気づかないこともあります。器を近づけ、においをかがせてみましょう。

においを強くする

人肌に温めることでにおいが立ちます。温めて差し出したら急に食べはじめた、ということもよくあります。また、ゴマ油や青のりなど、風味と香りがあるものをほんのちょっぴり加えるという手法も。その際、油はカロリーが高いので数滴に。

手にのせて差し出す

手の上にのせて差し出すと「ごはん」と気づき、食べはじめる子がいます。特に食の細い猫に試して欲しい方法です。

鼻にくっつける

ペースト状のものやスープなどを鼻にこすりつけます。猫は異物を取ろうとして、必ず舌でなめるはず。そのとき、「これは食べものだ」と気づき、味を覚えることも。

市販のフードと器を分ける

カリカリしか食べない「カリカリ主義」や、スープや手づくり食がトッピングされカリカリがふやけた状態が苦手な猫も。手づくり食やスープを別の器で出すと食べることも多いようです。

好きそうな食材だけにする

野菜の青くさいにおいや食材の口触りが嫌いで食べないことも。そんなときは苦手な食材を使わない手づくり食からはじめてみては。肉や魚に慣れてから、徐々にほかの食材をプラスしていく手法です。

スプーン1杯の栄養サプリ

手づくり食のスタートに、猫を思ってつくる手軽な1杯。
スプーンでなめさせたり、フードにかけたりしてあげて

*冷蔵庫に保存して4日以内には使い切りましょう。

ミネラルオイルサプリ

植物性オイルで血液さらさらに。
ミネラル、ビタミンも豊富なサプリです

材料（つくりやすい分量）

● ブロッコリー…10g（小房1個）
● 煮干し粉…ひとつまみ
● オリーブオイル…小さじ2

つくり方

1　ブロッコリーはゆでてから、みじん
　切りにする。
2　①と煮干し粉、オリーブオイルを混
　ぜ合わせる。小さじ1杯をフードに
　かけるか、スプーンなどで与える。

ごまハニー

ごまの抗酸化作用で
アンチエイジングが期待できます

材料（つくりやすい分量）

● すりごま…小さじ2
● はちみつ…大さじ1

つくり方

1　すりごまとはちみつををよく混ぜる。
　小さじ1/2を1回分としてフードに混
　ぜるか、スプーンなどで与える。

──────── ポイント ────────

ごまは黒でも白でもOK。中医学的には白
ごまは皮膚の乾燥や通便に、黒ごまは被
毛を潤す効果が強いといわれています。

手づくりチーズのサプリ

乳製品が好きな子に、手づくりカッテージチーズのうれしい一口

材料（つくりやすい分量）

● 牛乳…1カップ　　● 青のり…少々
● レモンの絞り汁…大さじ1

つくり方

1　鍋に牛乳を入れ弱火にかけ、かき混ぜ
　ながら人肌くらいに温める。

2　火から下ろしてレモンの絞り汁を加え
　て手早く混ぜる。
3　あら熱が取れて、水分と豆腐状に分か
　れたら、清潔なふきん（またはコーヒー
　フィルター）で濾す。
4　水分が落ちたら、やさしく絞り、小さじ
　1/2を1回分として青のりをかけ、フー
　ドに混ぜるか、スプーンなどで与える。

ごまハニー

手づくりチーズのサプリ

ミネラルオイルサプリ

水分と栄養補給のスープ

猫に不足しがちな水分を補給するスープです。
舌が止まらないやさしいスープで、気づいたら健康に

※冷蔵保存なら7日間、冷凍庫で2〜3週間以内に使い切る。人肌程度に温めてから与えます。

チキンスープ

鶏ガラをことこと煮出してつくる栄養ばつぐんのスープ

材料（つくりやすい分量）

● 鶏ガラ…1羽分　● 水…1L
● くず野菜
（にんじん、だいこん、セロリなど）…適量

| 代用食材 | 鶏ガラ ➡ 鶏手羽元、鶏むね
肉、鶏もも肉（皮や余分な脂身は取り除く）

つくり方

1　鶏ガラは水でさっと洗い、血合いなど
　　を落とす。

2　鍋に全部の材料を入れ、強火にかける。
　　煮立ったらアクを取りながら20〜30分
　　煮る。

3　ザルにキッチンペーパーを敷いて漉す。

煮干し粉スープ

煮干し粉を一晩、
水に漬けておくだけの
かんたんスープ

材料（つくりやすい分量）

- 煮干し粉…小さじ2
- 水…500ml

つくり方

1　ペットボトルや保存容器
　　に煮干し粉と水を入れ、
　　冷蔵庫にひと晩おく。
2　使う分量を鍋に入れ、4
　　〜5分煮出す。

おかかスープ

朝ごはんの
みそ汁づくりのついでに
猫の分も

材料（つくりやすい分量）

- かつお節…1パック（3g）
- 水…200ml

つくり方

1　沸騰させた湯にかつお節
　　を入れる。
2　香りが出たら火を止めて
　　冷ます。

卵焼きからおすそわけ

鮭のバター焼きから
おすそわけ

かつおのたたきからおすそわけ

おすそわけごはん

人のごはんから取りわけて、ドライフードにトッピング。
猫の好みを探りながら与える、
かんたんで、気楽な手づくり食

鮭のバター焼きからおすそわけ

鮭には血液をさらさらにする効果も。
こんがり焼いた皮も添えて

材料（4kgの成猫1日分）

- 生鮭…40g ● 小松菜…10g
- ブロッコリー…10g ● バター（無塩）…適量

つくり方

1　小松菜とブロッコリーはゆでて、みじん切りにする。

2　フライパンを火にかけてバターを溶かし、生鮭を中火で両面焼く。

3　焼き上がる少し前に鮭の横で①を炒め、鮭と野菜に火が通ったら
　火を消す。

4　鮭を取り出し、ほぐして骨を取り除く。

5　規定量の70%量のドライフードに人肌に冷ました③と④をのせる。

かつおのたたきから
おすそわけ

一口サイズに切るだけのかんたんレシピ。
刺身用の生魚は猫も大好き

材料（4kgの成猫1日分）

- かつおのたたき… 40g
- かぼちゃ… 10g
- すり白ごま… 少々

つくり方

1　かぼちゃはゆでて、フォークなどで
　　つぶす。かつおのたたきは、猫の
　　一口大に切る。
2　①を混ぜ合わせ、規定量の70%量
　　のドライフードにのせて、すり白ご
　　まをかける。

卵焼きから
おすそわけ

お弁当に入れる卵焼きを、
味つけをしないでおすそわけ

材料（4kgの成猫1日分）

- 卵… 1個
- ブロッコリー… 10g（小房1個）
- かぶ（すりおろし）… 小さじ1/2
- にんじん（すりおろし）… 小さじ1/2
- バター（無塩）… 適量

つくり方

1　ブロッコリーはゆでて、みじん切り
　　にする。かぶとにんじんは生のまま
　　すりおろす。
2　卵をボウルで溶き、①を加えてさら
　　に混ぜる。
3　フライパンを中火にかけてバターを
　　溶かし、②を入れて卵焼きをつくる。
5　食べやすい大きさにほぐし、人肌に
　　冷ましたら、規定量の70%量のドラ
　　イフードにのせる。

─────── ポイント ───────

ごはんに加えてp.56のスープ、または水
や湯を加えて水分も摂れるようにすると、
なおよいでしょう。ドライフードにスープを
かけるのは1食ごととし、与える直前にか
けましょう。

◎水分の目安（1食分）
フードがドライの場合：50〜60ml
フードがウェットの場合：20〜25ml

63

ちょっとのせごはん

カリカリ好きには、スープや手づくりのトッピングで、
まずはやわらかいごはんの食感に慣れさせましょう

スープかけごはん

カリカリにスープをかけるだけのかんたんごはん。 トッピングはお好みで

材料（4kgの成猫1日分）

● 水分と栄養補給のスープ（p.56参照）
　…50〜60ml
● 煮干し粉やかつお節…少々

つくり方

1　規定量のドライフードを70％に減らし、
　基本のスープをかける。
2　お好みで煮干し粉やかつお節をのせる。

肉 or 魚
ちょっとのせごはん

フードに慣れていても、
実際の肉や魚には目が輝きます

材料（4kgの成猫1日分）

● 好きな肉または魚…40g

つくり方

1　肉は猫の一口大に切り、アクを
　取りながらゆでて火を通し、人
　肌に冷ます。魚はゆでて火を通
　し、ほぐして骨を取り除き、人
　肌に冷ます。
2　規定量の70％のドライフードに
　①を煮汁（50〜60ml）ごとフー
　ドにかける。

肉 or 魚＋野菜
ちょっとのせごはん

手づくりごはんには野菜も使います。
野菜ビギナーにおすすめのトッピング

材料（4kgの成猫1日分）

● 好きな肉または魚…40g
● ブロッコリー…5g　● にんじん…5g

つくり方

1　肉は猫の一口大に切り、アクを取りなが
　らゆでて火を通し、人肌に冷ます。魚は
　ゆでて火を通し、ほぐして骨を取り除き、
　人肌に冷ます。
2　ブロッコリーとにんじんはゆでて、みじん
　切りにする。
3　規定量の70％のドライフードに①と②を、
　煮汁（50〜60ml）ごとフードにかける。

**肉 or 魚
ちょっとのせごはん**
鶏ささみ

スープかけごはん
かつお節トッピング

**肉 or 魚＋野菜
ちょっとのせごはん**
たら、ブロッコリー、にんじん

——— ポイント ———
魚は、骨が比較的少ない鮭やた
らの切り身、肉は鶏ささみや脂
肪分の少ない牛もも肉などがお
すすめです。肉、魚をグリルな
どで焼いたときは、p.56の水分
補給のスープをかけて与えても。

はじめての手づくりレシピ

少しずつ手づくり食に慣れてきたら、
100%手づくり食にチャレンジしてみましょう

食感も楽しい五目鶏

鶏肉を細く切ることで、
食感も楽しめて食がすすむ

材料（4kgの成猫1日分）

- 鶏もも肉…100g
- にんじん…10g
- ブロッコリー…10g（小房1個）
- かぼちゃ…10g
- かつお節…少々

つくり方

1　にんじん、ブロッコリー、かぼちゃはやわらか
　　くゆでてみじん切り。もしくはペースト状にする。
2　鶏もも肉は、ゆでてミンチ状に細かく切る。
3　①と②を混ぜ合わせ、かつお節をのせる。

はじめての手づくり食には
風味豊かなかつお節をふ
わっとのせることで、いい
香りに誘われて思わずパ
クリ。おいしい、おいしい。

鮭のおじや

ご飯の好きな子向けのレシピです。
鮭はウェットフードにもよく使われている素材。 なじみの食材に食がすすみそう

材料（4kgの成猫1日分）

● 生鮭…100g　● ひじき（水でもどしたもの）…小さじ1
● 小松菜…30〜40g　● ご飯…大さじ1　● 水…150ml

つくり方

1　ひじきは細かく刻む。小松菜はゆでてみじん切りにする。
2　鮭は骨を取り除き、4等分にする。
3　鍋に水を入れ煮立て、鮭を入れて色が変わったら、
　　①とご飯を入れて5分煮る。

--- ポイント ---

カロリーが控えめなレシピ
です。もう少しカロリーを
増やしたいときはp.54の
ミネラルオイルサプリを小
さじ1加えましょう。

鶏のひき肉炒め

やわらかいひき肉が初心者さんにも食べやすい。
青のりの香りで誘ってあげて

材料（4kgの成猫1日分）

● 鶏ひき肉…100g　● にんじん…10g　● かぶの葉…30g（3本）
● オリーブオイル…小さじ1　● 青のり…少々

つくり方

1　にんじん、かぶの葉は細かいみじん切りにする。

2　フライパンを火にかけオリーブオイルをひき、にんじんを炒める。

3　火が通りやわらかくなったら、鶏のひき肉を入れて同様に炒め、
　　最後にかぶの葉を入れ、さらに炒める。

4　全体に火が通ったら、火からおろして器に盛り、青のりをふりかける。

かんたん！手づくりおやつ

おやつはこころを満たします。
低カロリーでからだによい食材を使ったおやつです

キウイフルーツヨーグルト

ヨーグルトで乳酸菌、たんぱく質も補給できます

材料（4kgの成猫1日分）

● プレーンヨーグルト（無糖）…小さじ1〜2　　● キウイフルーツ…1/8個

つくり方

1　キウイフルーツは皮をむき、みじん切りにし、プレーンヨーグルトに混ぜる。

【代用食材】　キウイフルーツ ➡ りんご（すりおろし）、ブルーベリー（刻み）

鶏ハムおやつ

猫だって小腹がすく。 そんなときのちょこっとおやつ

材料（つくりやすい分量）

● 鶏むね肉…1枚（正味300g）

つくり方

1 鶏むね肉は、皮とあれば余分な脂を取り除き、厚い部分に包
   丁を斜めに入れて観音開きにし、2cmくらいの厚さになるよう
   に平らにする。
2 端からくるくると、のり巻きのように丸め、ラップで二重に包む。
3 鍋に湯を沸かし、沸騰したら②を入れ、1〜2分ゆで火を止める。
4 鍋にふたをして、そのままの状態で3時間くらいおき、全体に
   火を通す。
5 鍋から取り出してラップを外し、食べやすい大きさに切る。

※ラップをして冷蔵庫で3〜4日保存できます。

—— ポイント ——

おやつを与えすぎて、
1日のごはんのトー
タル量を越えないよ
うに気をつけましょう。

チーズ&さつまいものクッキー

カリカリの好きな猫が大好きなおやつ

── ポイント ──

天板にのせた生地は、
スプーンで少し平ら
に成形すると、火が
均一に通ります。

材料（つくりやすい分量）

● さつまいも…50g　● ペット用チーズ…50g
● 薄力粉…20g　● はちみつ…小さじ1

つくり方

1　オーブンを200℃に温めておく。

2　さつまいもは角切りにし、5〜10分水にさらしてから、鍋に湯を沸かし、やわらかくなるまでゆでる。

3　湯を切り、水気を飛ばしてからペースト状につぶし、薄力粉とはちみつを加えてよく混ぜる。さらにチーズも加えざっくり混ぜる。

6　天板にオーブンシートをしき、③を猫の一口大にすくって1つずつ置き、200℃で13分程焼く。

レバーペースト

ぺろぺろとなめて食べるおやつです

──────── ポイント ────────
おやつなので1回量は小さじ1〜2
杯程度に。絞り出しに入れるなど
しなめさせてもうれしく食べてくれ
ます。

材料（つくりやすい分量）

● 鶏レバー…150g　● バター（無塩）…10g

● にんにく（みじん切り）…耳かき1　● 生クリーム…大さじ1　● 水…50ml

つくり方

1　鶏レバーは脂や筋を取り除き、2〜3等分に切り、水で血を洗い、さら
　　に20分ほど水にさらす。にんにくはみじん切りにする。

2　①をザルにあげ、キッチンペーパーで包んで水気を取る。

3　鍋にバターを溶かし、中火で焦げないようににんにくを炒め、②を加
　　えてさっと炒めたら水を加え、水分がほとんどなくなるまで火にかける。

4　粗熱が取れたらフォークなどでつぶし、生クリームを加えてなめらか
　　にする。

※保存は冷蔵庫で3〜5日。食感が変わり風味も落ちるので冷凍保存は向きません。

食べものの言葉と猫

ごぼう猫ってどんな猫?

猫と魚が結びつくのは日本だけ?

「猫」に関する食べものの言葉いろいろ。
納得のものも、首をかしげる不思議なものも

◎馬肉を食べていたイギリスの猫

イギリスにはその昔、「猫肉屋（cat's meat man）」という職業がありました。これは猫のごはんを売って歩く人のこと。飼い主から代金をもらっておき、街中を歩いている飼い猫にごはんをあげて回っていたそうです。与えていたのは馬肉でした。

日本では猫といえば昔から魚で、現在のキャットフードのラインナップも魚中心。しかし、先祖は砂漠暮らしであることを考えると、魚は日本ならではの、猫にとってはちょっと珍しいごはんなのかもしれません。

◎日本の言葉のなかの猫

日本語には、猫が使われている食べものの言葉に魚関係のものが目に留まります。よく知られているものに「猫に鰹節」（好物に目がない様子）があり、同じ意味で「猫に乾鮭」（乾鮭は干した鮭のこと）や「猫が肥えれば鰹節が痩せる」という言葉も。

「猫さえ食べないでまたいで通る」という意味で、まぐろのことを「猫またぎ」というのは、冷蔵庫がなかった昔、脂が多いまぐろはすぐに傷んだから。骨が多くて食べにくいトラギスやダルマガレイは「猫くわず」とも呼びます。

野菜関係の言葉もあります。「猫の金玉」とは、かぼちゃのこと。泥棒が使っていた言葉だそうで、京都府警察部が大正時代初期にまとめた『隠語輯覧』に載っています。そういわれれば、そんな気もしなくもありません。野菜で猫を表した言葉には「ごぼう猫」があり、これは尾の短い猫のこと。宮城県や神奈川県、岡山県や島根県で記録があります。その由来はわかりませんが、東西の離れた土地に同じ言葉が残っていることが不思議です。

「猫分」は、皿に盛った食べものを残すこと。「猫下ろし」「猫の食い残し」とともに、猫のちょこちょこ食いを表現したのではないかと思われる言葉です。

CHAPTER

3

健康食をもう少し掘り下げてみよう

傷みやすい3つの臓器

猫は腎臓病にかかりやすいことはよく知られていますが、
心臓と肝臓もウィークポイントです。
この3つには年齢とともに負担が積もっていきますが、
食事を見直すことでダメージを軽くすることが期待できます。

体質が招く腎臓病、肉食が招く肝臓病

　猫の祖先といわれているリビアヤマネコは、砂漠で進化したため、あまり水を飲まなくても生きていけるからだを手にいれました。その性質は猫にも引き継がれていて、猫も水を積極的に飲む習性がありません。そのおかげで尿が濃く、濃い尿を濾過しなくてはならない腎臓は、ほかの臓器よりもずっと早く限界が来てしまいます。

　また、腎臓と心臓は互いに関連があり、どちらかが悪くなるともう一方も悪くなる傾向があります。その上、肝臓は肉を消化・吸収する過程で出るアンモニアの解毒を担っているため、肉食動物は草食動物に比べ、肝臓の負担が大きいとされます。

手づくり健康食で負担を軽く

　腎臓にかかる負担は、摂取する水分を多くすることである程度解消できます。猫には水を積極的に飲む習慣がありませんが、ごはんをドライフードから手づくり食にすれば、食事からも水分を摂ることができます。腎臓の状態が良好ならば、心臓の心配も少なくなりますね。

　肝臓にかかる負担は適切な量の食事を摂ることや、食事の質を上げることで軽くできます。良質な素材を飼い主自身が選べる手づくり食なら、その点でも安心です。

手づくり健康食で腎臓・心臓・肝臓を守る

腎臓

血液中の老廃物を濾過し、尿として排泄するための器官です。濃い尿の処理は負担が大きく、腎不全や結石も招きやすく、結石が尿道に詰まる「下部尿路症候群」の原因にもなります。特にオスは尿道が細く、結石が詰まりやすい傾向があります。

心臓

血流が下がると腎臓の血圧も下がり、働きが悪くなります。すると血液中の赤血球が減って体内は酸素不足となります。それを補うため心臓は拍動を速めるのですが、長年続けば疲れてしまいます。速い拍動は高血圧も招き、腎臓の血管にも負担です。

肝臓

肝臓は食べたものの成分を分解し、からだが利用できる形につくり替えて貯蔵したり、毒素を分解したりしています。「脂肪肝」になると、その機能が発揮できません。食事を控えてたんぱく質量が減ると、さらに脂肪がつくという悪循環も起こります。

手づくり食で解決！

この3つを守るポイントは水分の摂取量。手づくりごはんで水分を補い、尿を薄くすると腎臓と心臓の負担が減ります。また、適切な量の食事で良質のたんぱく質を摂ると肝臓の負担が軽くなります。

手づくり食が肥満を防ぐ

太りすぎはよくないとわかっていても、
食欲がある様子をみたり、ねだられたりすると、
つい適量を超えてごはんをあげてしまいがちです。
でも、手づくり食を続けると肥満の悩みも改善できます。

肥満は万病のもと

　人間にとっても猫にとっても肥満は万病のもと。前ページで紹介した脂肪肝も肥満が原因です。食べ過ぎたら運動すればよいのですが、室内飼いでは限界があります。それに猫は狩り以外の時間はじっとして過ごす生きものです。犬のように散歩をする習慣もありません。

　かといって単純にごはんの量を減らすことは難しいものです。心を鬼にしても、ねだられると根負けしてしまうこともありますし、人間同様、急激なダイエットは猫のからだにもよくありません。

手づくり食は長いスパンでのダイエットに最適

　しかし、手づくり食なら食材の脂肪を取り除いたり、ささみやたらなどの低カロリー食材を使ったりでき、スープや野菜で食事にボリュームもつけられるので、カロリーのコントロールが比較的容易です。少量でカロリーオーバーとなりやすいドライフードだけを与えるよりも、肥満のリスクは下がるでしょう。

　手づくり食を続けるためには、飼い主の根気も必要です。でも、できる範囲で、部分的に手づくり食を取り入れるだけでも、よい方向での健康管理ができるはずです。

うちの子って太っているの？

体型で肥満をチェック〜ボディコンディションスコア

理想体重の120%以上が肥満です。からだを見る、触れることで体型をチェックする肥満の評価
方法がボディコンディションスコア（BCS）です。この表から理想体重を割り出しましょう。

BCS				
1	**2**	**3**	**4**	**5**
痩せすぎ	体重不足	理想体重	体重過剰	肥満
理想体重の 85％以下	理想体重の 86〜94％	理想体重の 95〜106％	理想体重の 107〜122％	理想体重の 123〜146％
[肋骨]触ると骨の突起がごつごつと手に当たる。[腹部]上から見ると腰のくびれが目立ち、横から見たとき、脇腹のひだがない。	[肋骨]ごつごつしてはいないが、触れると肋骨や骨がわかる。[腹部]上から見るとくびれがわかる。	[肋骨]触ればわかるが、見た目には目立たない。[腹部]上から見るとわずかにくびれがあり、横から見ると脇腹のひだがわかる。	[肋骨]触ってもわからない。[腹部]くびれはほとんどなく、腹部は丸く、脇腹のひだがやや垂れ下がっている。	[肋骨]全体に丸く、強く触ってもわからない。[腹部]脂肪が垂れ下がり、歩くと脇腹のひだが揺れる。

理想の体重を計算してみよう

品種により異なりますが、正常な体重は1〜2歳になったころの体重といわれています。理想体
重を調べるには、まず、現在の体型がBSC1〜5のいずれに該当するかを調べます。次に現在
の体重を計り、該当すると思われるBCSのパーセントの数字で割ります。

年齢にあわせたごはんスタイル

年齢に応じて、ごはんの量や内容が変わるのは
人も猫も同じです。
その年代にあわせた最適なごはんで
健やかな毎日を過ごしましょう。

猫は10歳から高齢とされる

　猫の生涯を大きく分けると、成長期、成猫（維持）期、高齢期に
わかれますが、手づくり食に関心があってこの本を読んでいる方の
場合、猫は子猫ではなく、すでにある程度の年齢に達していることで
しょう。猫は高齢になっても見た目はそれほど変わりません。そのた
めいつまでも若いように思ってしまいます。

　しかし、猫の一生は人間にくらべると駆け抜けるような速さがあり、
相対的な年齢は、いつの間にか飼い主を追い越します。猫の10歳
は人間の56歳、20歳なら96歳です。10歳を超えたら定期的に健康
診断を受けるとともに、食事を見直して、病気の予防を意識した食
生活を送るとよいでしょう。

子猫からはじめるときは、さまざまな食材にトライ

　猫は1歳で成猫となりますが、子猫と呼べるのは生後6ヵ月ごろま
でです。生後2ヵ月ごろから離乳食になりますが、子猫のときから手
づくり食をはじめられたらラッキーです。子猫は食べものの好みがそ
れほどかたまっていないので、好き嫌いがあまりないからです。さま
ざまな食材を経験させれば、一生を通じて幅広くいろいろなものを食
べられるようになるでしょう。

子猫と老猫のごはんのポイント

子猫の手づくり食

生後2ヵ月ごろから離乳食が始まります。成長とともに1回の食事の量や使う食材を増やし、食事の回数を減らしていきます。猫は生後6ヵ月までに成猫の体重の75%程になります。

2〜3ヵ月	3〜4ヵ月	4〜6ヵ月	6ヵ月〜
1日5回程度。1回の食事量は大さじ2杯程度。	1日4回程度。1回の食事量は大さじ2杯程度。	1日3回程度。1回の食事量を少しずつ増やしていく。	1日2回程度。1回の食事量は、成猫と同じ（p.42参照）。
ゆでたり焼いたりした肉や魚を細かくして与えます。	ゆでたり焼いたりした肉や魚に、同じく、やわらかくゆでて、細かくした野菜を少量混ぜます。野菜は1種類ずつ使います。	ほぼ成猫と同じになります。肉と野菜の比率も成猫同様に近づけます。この時期は食べたいだけ食べさせてOK。	成猫と同じで、肉と野菜、穀類の比率を、肉・魚類80〜90%：野菜類10%：穀類0〜10%にします。

老猫の手づくり食

歳をとるほど運動量が減ります。カロリーが高く、消化に負担がかかる脂肪は取り除いたり、低カロリーの食材に置き換えたりして肥満を防ぎましょう。飲み水だけではなく、食事からも水分を摂る工夫をして、腎臓にかかる負担を減らしましょう。

低カロリーの工夫	水分の工夫
脂肪を取り除く、鶏ささみやたらなどの低カロリーの食材に置き換えるなどします。たんぱく質を控え、その分、野菜や穀物を増やします。腎機能が落ちているときは低たんぱく、痩せてきているときは高たんぱくにします。	食事で水分が摂れるように調理方法を工夫します。ドライフードを与えている場合は、ドライの比率を下げて、手づくり食やウェットフードを増やしましょう。あちこちに水を置き、水を飲む機会を増やします。

食材の効能を知ろう

食材には、それぞれ個性があります。
栄養素はもちろん、からだを温めたり冷やしたりする性質や、
旬の時期など、その個性を知っていると、
「うちの子」に合わせたメニューづくりに役立てられそうです。

「うちの子」仕様にカスタマイズ

　手づくり健康食を実践すると、最初のころはレシピ通りにつくっていても、だんだんと「うちの子」に合わせてカスタマイズをしたくなることでしょう。慣れてくれば、イチから自分でレシピを組み立ててつくることもできますね。レシピの基本は、20ページで紹介した通り、肉・魚類が80 〜 90%、野菜類が10%、それに穀類が0~10%のバランスを守りますが、使う食材の性質がわかっていると、なにも知らないでつくるより、より健康効果の高いごはんをつくれます。

旬と産地で食材の性質を知る

　たとえば夏はからだを冷やす性質をもつきゅうりを使うと、からだの余分な熱が取れますし、冬は温める性質のかぼちゃを使うとからだが温まります。もちろん薬のような即効性はありませんが、そういう心がけで続けると、自然と体調も整って過ごしやすくなります。

　とはいえ細かく覚えるのは難しいですね。そんなときは旬の食材を使うことをこころがけてみましょう。旬の食材には、その季節のからだのトラブルを解消するものが多いのです。また、暑い地域の産物にはからだを冷やすものが多く、寒い地域のものは温めるものが多い傾向にあるので、原産地も気にしてみましょう。

効能別おすすめ食材

からだは暑いときは冷まし、寒いときは温めて中庸を保つことが肝心。食材の性質を活用し、暑い日も寒い日も快適に過ごせるようこころがけましょう。食材の性質は、本書p.33〜38でも紹介していますが、より詳しく知りたい場合は中医学や薬膳の本を参考にしてみてください。

からだを温める

血流を促す働きがあり、それによりからだが温まります。本書で使った食材のなかでは肉や魚の多くが該当します。味噌やしょうがは少量でも効果あり。●鶏肉・鶏レバー・牛肉・ラム肉・鮭・たら・かぼちゃ・味噌・しょうがなど

からだを冷やす

体内の「水」（血液以外の水分）のめぐりをよくすることで熱を追い出します。野菜が多く該当します。暑い季節には、これらの食材に加え、からだを涼しく保ちましょう。●キウイフルーツ・きゅうり・だいこん・豆腐・おから・青のりなど

中庸を保つ

からだを温めるでもなく、冷やすでもない食べものです。季節を問わず使え、偏りがないことから日常的に使うことができます。●豚肉・卵・さといも・ブロッコリー・はちみつ・ごまなど

2週間目の健康チェック

うちの子に合わせた食の調整をしていくためにも、
手づくり健康食をはじめて2週間たったら、
いったん振り返りをすることが大切です。
はじめる前と後で、猫のからだの様子をくらべてみましょう。

適正量を知るために体重チェック

　からだは食べたものでできていますから、毎日のごはんを変えれ
ば、その結果はからだに現れます。手づくり健康食をはじめたら、是
非、猫のからだの変化をチェックしてみましょう。

　まず気にして欲しいのは体重です。手づくり食をはじめて2週間
たったら体重を測ってみてください。増えているか減っているかで、
ごはんの量を調整してみましょう。ただし、もともと太っていたか痩せ
ていたかも関係するので、78ページで適性体重を確認してから、合
わせて判断します。2週間以前に極端に痩せたり太ったりしたときは、
その時点で調整をはじめましょう。

多少のマイナス要素は心配しない

　体重より早く起こるのがうんちの変化です。たとえば、それまでの
市販のフードに穀類が多かった場合、肉類多めの手づくり食に変え
ると、うんちの色やにおいが変わります。食事の水分量や内容の変
化から、下痢や便秘になる場合もあります。でも、これらは一時的な
症状です。数日たてば落ち着くはずです。ほかに、目やにやふけ
が増えるなどの症状が現れることもあります。個々の継続時間はその
症状にもよりますが、劇症でないようなら、しばらく様子をみます。

一時的なからだの変化

体重の増減

ごはんの適正量を正しく知るためにも、体重は必ず確認したいバロメーターです。適正体重より増えるようならごはんを減らす、減るようならごはんを増やします。体重測定と観察でそれぞれに適した量が決められます。

下痢や便秘

市販のフードから手づくり食に変化することで腸内細菌のバランスが変わり、下痢をすることもあります。反対に腸に一時的な緊張が起こり、便秘をすることもあります。ともに比較的早く起こる変化のひとつです。

かゆみ・ふけ・目やに

手づくり食で水分の摂取量が増えると体内の水分量が増え、血行がよくなります。すると新陳代謝がよくなり、湿疹が出たり、ふけが増えたりすることがあります。また、涙や目やにが増えることもあります。

元気がなくなる

猫によっては、ごはんの変化はもちろん、下痢やかゆみなどのからだの変化に驚き、一時的に元気がなくなることがあります。手づくり食以外に原因が思い当たらなければ一時的なことで、慣れてくれば、また元気になります。

嘔吐

吐いたものの中身に未消化のものがないか確認し、あればその食材の使用を見直します。そのほか、食中毒、一気食いした結果嘔吐してしまう場合、また体質に合わない食材や嫌いな食材が入っていると吐く場合があります。

そのほか

ここにあげたような排出として起こる変化であれば問題ありませんが、特定の食材によるアレルギーや中毒などの可能性も考えられます。心配な症状がみられたときは、獣医師の診察を受けることをおすすめします。

からだを元気にするレシピ

　私たちのからだのコンディションが日によっていろいろなように猫だって体調は毎日違うはず。 でも、「ちょっと疲れちゃって」とか「熱があります」などと、猫たちは自分のからだの具合を話してくれることはありません。 飼われている猫にとっては人間の与えるフードがすべて。 うちの子と一日でも長く一緒にいられるように、日ごろから猫の様子をよく観察し、体調に合わせたごはんをつくってあげましょう。

アイコンの見方

体温アップ

冷えは猫にとっても万病の元。からだのなかからもしっかり温めてあげましょう。

血行促進

血液がさらさらと流れて血行がよくなれば、代謝も自然とアップします。

腸内環境

栄養の吸収を担う腸の調子がよいと、自然と免疫力が高まります。

さば味噌ごはん

からだを温める食材を取り入れましょう!
しょうがが苦手な子には、使わなくてもOKです

材料（4kgの成猫1日分）

- さば…100g（1切れ）
- ほうれんそう…40g（4本）　● だいこん（すりおろし）…大さじ1
- 味噌…耳かき1　● しょうが粉…少々

つくり方

1　ほうれんそうは熱湯でゆでて冷水にさらしてアクを抜き、水気を絞って、
　　みじん切りにする。

2　さばはグリルなどで焼き、ほぐして骨を取り除く。

3　味噌を大さじ1杯くらいのお湯（分量外）で溶き、②とあえる。

4　皿に盛り、ほうれんそうとだいこんおろしをのせ、しょうが粉をかける。

血行促進

あじのたたきごはん

あじに含まれるEPA・DHAで血液さらさらに。
骨も与えることでカルシウム補給の効果も

材料（4kgの成猫1日分）

- あじ（刺身用）…1尾
- 小松菜…40g（4本）
- にんじん（すりおろし）…小さじ1
- ひじき（水でもどしたもの）…少々
- ごま油…小さじ1

つくり方

1　あじは頭と尾を落とし、内臓、えら、ぜいごを取り除く。水で洗って水気を拭き、骨ごとたたいて細かくする。

2　ひじきはみじん切り、小松菜はゆでて水気を切り、みじん切りにする。

3　①と②を混ぜ合わせ、すりおろしたにんじんをのせ、ごま油をたらす。

血行促進

鮭の三色盛り

鮭にも血液をさらさらにするEPA・DHAが含まれています。
かぼちゃ、ブロッコリーには血行を促すビタミンEも豊富

材料（4kgの成猫1日分）

- 生鮭…100g（切り身1切れ）
- かぼちゃ…10g
- ブロッコリー…10g（小房1個）

つくり方

1　鮭はグリルなどで焼き、骨を取り除き、ほぐして人肌に冷ます。

2　かぼちゃは、やわらかくゆでてフォークなどでつぶす。ブロッコリーもゆでて、みじん切りにする。

3　すべてを混ぜ合わせる。

ふわふわ肉団子

豚肉は免疫細胞を活性化するビタミンB1が豊富。
発酵食品の味噌が腸内環境を整えます

材料（4kgの成猫1日分）

- 豚ひき肉…100g
- 山いも（すりおろし）…大さじ1
- 味噌…耳かき1
- かぶ…1/4個
- かぶの葉…1/2本

────── ポイント ──────
豚ひき肉はよく練ることで、団子状にまとまりやすくなります。

つくり方

1　豚ひき肉に山いもと味噌を混ぜ、粘りが出るまでよく練る。
2　多めの湯（分量外）でかぶとかぶの葉をやわらかくゆで、みじん切りにする。ゆで汁は取っておく。
3　ゆで汁を再度沸騰させ、①を小さな団子状にして鍋に落とし、ゆでる。
4　肉団子に火が通り、浮いてきたらすくい取り、②とともに器に盛り、人肌に冷ます。

ぶりの刺身盛り

ぶりに含まれるDHA・EPAの血行促進効果で腸の動きもよくなり、
免疫力アップにつながります

材料（4kgの成猫1日分）

- ぶり（刺身）…100g
- ひじき（水でもどしたもの）…少々
- さつまいも…輪切り1cm
- レタス…1/8枚

つくり方

1　ひじきはみじん切りにする。さつまいもをやわらかくゆで、フォークでつぶす。レタスもゆでてみじん切りにする。
2　ぶりを一口大に切り、皿に盛り、①をのせる。

健康な歯と歯茎のために

いつまでも元気にごはんを食べてほしいから、お口の免疫力を高めるレシピを

豚肉とレバーの濃厚ごはん

豚肉には免疫細胞を活性化するビタミンB1が、
鶏レバーには粘膜を強くするβ-カロテンが含まれています

材料（4kgの成猫1日分）

- 豚ロース肉…60g
- 鶏レバー…40g
- かぼちゃ…10g
- しいたけ…1/2枚
- ひじき（水でもどしたもの）…少々

つくり方

1 鶏レバーは筋を取り除き、水で洗う。鍋に湯を沸かし、鶏レバーをゆでて、みじん切りにする。
2 豚ロース肉はゆでて、猫の一口大に切る。
3 かぼちゃ、しいたけはゆで、かぼちゃはフォークでつぶしてペースト状に、しいたけはみじん切りにする。ひじきもみじん切りにする。
5 ①と②、野菜ときのこをすべて混ぜ合わせて皿に盛り、ひじきをのせる。

ステーキ丼

肉を噛むことが歯石予防につながります。
しっかり噛むことで、食事の満足度もアップ！

材料（4kgの成猫1日分）

- 牛もも肉（かたまり）…90g
- ブロッコリー…10g（小房1個）
- にんじん…10g
- だいこん（すりおろし）…大さじ1
- 油…少々

—— ポイント ——
牛肉は大きなかたまり肉ではなく、カレーやシチュー用の使いやすいものでOK。

つくり方

1 牛肉は猫の一口大に切り、フライパンを火にかけ油をひき、ミディアムレアくらいに焼く。
2 ブロッコリーとにんじんをやわらかくゆでて、みじん切りにする。
3 器に①を盛りつけ、②とだいこんおろしをのせる。

便秘さんに

スムーズに出るように、食物繊維や水分を多めに摂りましょう

鶏肉と根菜の煮物

食物繊維たっぷりの根菜ごはんで便秘解消

材料（4kgの成猫1日分）

- 鶏もも肉…100g
- れんこん…10g ● さつまいも…10g
- ひじき（水でもどしたもの）…小さじ1 ● ごま油…小さじ1

つくり方

1 鶏もも肉は猫の一口大に切り、アクを取りながらゆでる。
2 れんこん、さつまいもはやわらかくゆでる。ゆで汁はとっておく。
3 さつまいもはフォークでつぶし、れんこんとひじきはみじん切りにする。
4 器に盛り、ゆで汁大さじ1と、ごま油をかける。

—— ポイント ——

油には腸の動きを高める働きがあり、うんちがスムーズに出るようになります。

94

下痢さんに

脂肪分の少ないたらを使います。 野菜類は消化しやすいようにやわらかくゆでて

たらとさといものホワイトプレート

下痢のときは脱水に要注意。食事から水分が摂れるようにします

材料（4kgの成猫1日分）

- ●たら…100g（切り身1切れ）
- ●さといも…10g　●だいこん（すりおろし）…小さじ2
- ●煮干し粉スープ…大さじ2（つくり方はp.57）

つくり方

1　たらはゆでて骨を取り除き、ほぐして人肌に冷ます。さといもはやわら
　　かくゆでて、フォークでつぶす。

2　①を器に盛り、だいこんおろしをのせる。

3　煮干し粉スープを人肌に温め、②にかける。

— ポイント —

下痢が2〜3日続くようなときは、獣医師を受診しましょう。

尿と腎臓のために

結晶や結石がある猫は、水分を多めに摂るのはもちろん、良質なたんぱく質もたっぷりと

親子丼

鶏もも肉と完全栄養食の卵から、良質なたんぱく質を。
利尿作用のある野菜も使って、老廃物を排出

材料（4kgの成猫1日分）

- 鶏もも肉…40g
- 卵…1個
- きゅうり…10g
- かぶ…10g
- ご飯…大さじ1
- バター（無塩）…1〜2g

つくり方

1 鶏もも肉は皮つきのまま猫の一口大に切り、鍋に湯を沸かしてアクを取りながらゆでる。

2 かぶもやわらかくゆでてみじん切りにする。きゅうりはすりおろす。

3 フライパンを火にかけバターを溶かし、溶き卵を流し入れいり卵をつくる。

4 器にご飯を盛り①と②を盛りつけ、炒り卵をかける。

—— ポイント ——

腎臓が悪いとき、症状の進み具合によってはたんぱく質の量を減らすこともあります。減った分のカロリーを補うためにご飯を使います。

鮭と豆腐の混ぜごはん

腎臓が悪いときは血流をよくすることも大切。
血行促進効果のある鮭と豆腐をダブルで使い、しいたけで免疫力アップ

材料（4kgの成猫1日分）

- 生鮭…90g（切り身1切れ弱）
- 豆腐…10g
- 小松菜…10g（1本）
- かぼちゃ…10g
- しいたけ…1/2枚
- すり黒ごま…少々

つくり方

1 鮭はグリルなどで焼き、骨を取り除き、ほぐして人肌に冷ます。

2 豆腐は1cm角のさいの目に切る。

3 小松菜、かぼちゃ、しいたけはそれぞれやわらかくゆで、小松菜としいたけはみじん切りに、かぼちゃはフォークでつぶす。

4 器にすべてを盛り、すり黒ごまをかける。

肥満の子に

低脂肪の肉を使い、量を減らさず穏やかにダイエット!

たらの野菜たっぷりカラフルプレート

低脂肪のたらでたんぱく源を摂ります。 食物繊維たっぷりの野菜をプラス

材料（4kgの成猫1日分）

- ●たら…100g（切り身1切れ）　●かぼちゃ…10g　●にんじん…10g
- ●小松菜…10g（1本）　●ブロッコリー…10g（小房1個）　●青のり…少々

つくり方

1　鍋に湯を沸かし、たらをゆでて骨を取り除き、ほぐして人肌に冷ます。

2　かぼちゃ、にんじん、小松菜、ブロッコリーはやわらかくゆでる。かぼ
　　ちゃ、にんじんはフォークでつぶし、小松菜とブロッコリーはみじん切
　　りにする。

3　すべてを器に盛り、青のりをふりかける。

食欲がないときに

食欲がないときは、無理に食べさせず、スープなどで胃腸を休ませてあげましょう

たまごスープ

栄養価の高いふわふわ卵と香り立つスープがやさしい

材料（4kgの成猫1日分）

- 卵…1個　● チキンスープ…150ml（つくり方は p.56）
- ● ごま油…少々

つくり方

1　卵は溶いておく。
2　鍋にチキンスープを沸かし、溶き卵を混ぜ入れ、箸でスープをかきまわし、固まったら火を止める。
3　器に盛り、人肌に冷まし、好みでごま油をたらす。

—— ポイント ——

食欲がない日が2～3日続くようなときは、早めに獣医師を受診しましょう。

暑い夏レシピ

真夏の暑いときは食欲が落ちがち。 体温を下げる夏野菜で内側からさっぱりと

ネバネバスープごはん

ネバネバのオクラには消化を促し、潤いを与える効果も

材料（4kgの成猫1日分）

- ●豚ロース肉…100g
- ●オクラ…10g
- ●ピーマン（黄・赤）…小さじ1（合わせて）

つくり方

1　豚ロース肉は猫の一口大に切る。オクラ、ピーマンはみじん切りにする。

2　鍋に水200ml（分量外）を沸騰させ、①を加え、アクを取りながら煮る。

3　野菜がやわらかくなったら火を止めて、そのまま人肌に冷まし、好みの
　　量のスープごと器に盛る。

冬レシピ

温熱性の食材を組み合わせて、冷えを改善しましょう

鶏かぼちゃ

冬至に食べるかぼちゃを猫の冷え対策にも

材料（4kgの成猫1日分）

- 鶏もも肉…100g
- かぼちゃ…10g
- まいたけ…10g
- 青のり…少々

つくり方

1　鶏もも肉は猫の一口大に切り、鍋でゆでて水気を切る。ゆで汁はとっておく。

2　かぼちゃ、まいたけを①のゆで汁でゆでる。ゆでたかぼちゃはフォークでつぶす。まいたけはみじん切りにする。

3　器にすべてを盛り、仕上げに青のりをふりかける。

老猫レシピ

歳をとると消化吸収機能が低下します。 高たんぱく、低脂肪の肉や魚で補いましょう

鶏ささみおから和え

鶏ささみとおからは、お腹にやさしいたんぱく源。 アンチエイジング食材の黒豆をのせて

材料（4kgの成猫1日分）

- ●鶏ささみ…100g ●おから…10g ●ほうれんそう…30g
- ●にんじん…10g ●まいたけ…10g ●ゆで黒豆…2個

つくり方

1 鶏ささみはグリルなどで焼き、食べやすい大きさに切る。
2 ほうれんそうはゆでて水にさらし、水気を切ってみじん切りにする。にんじんとまいたけはやわらかくゆで、にんじんはフォークでつぶし、まいたけはみじん切りにする。ゆで汁はとっておく。
3 黒豆はつぶすか、みじん切りにする。おからは、から煎りする。
4 すべてを器に盛り、②のゆで汁を大さじ2〜3かける。

まぐろの山かけ

長いもとまいたけには、**免疫力アップの効果**が。 スープもかけて水分も補給します

材料（4kgの成猫1日分）

- ●まぐろ（刺身用）…100g ●ブロッコリー…10g（1房）
- ●長いもまたは山いも（すりおろし）…大さじ1 ●まいたけ…10g
- ●煮干し粉スープ（つくり方はp.57）……大さじ2〜3

つくり方

1 まぐろは猫の一口大に切る。
2 鍋に湯を沸かし、ブロッコリーとまいたけはゆでてみじん切りにする。長いもはすりおろす。
3 煮干し粉スープは5分ほど煮立て、冷ます。
4 器にまぐろを盛り、②をのせ、さらに上から③のスープを注ぐ。

私たちの手づくりレポート①

手づくり食でごはんタイムに活気

雑種 推定9歳（メス）、雑種 8歳（オス）

東京都　Sさん

ごはんの時間が、猫たちとのコミュニケーションの時間に。
猫だけでなく人にもいいことがある

◎ **はじめた理由**

　ずっとカリカリを与えていましたが、ドライフードには水分が少ないことや素材が不明なことをずっと不安に思っていました。また、「同じ食感の同じようなものを食べ続けることが、本当に健康的なの?」と疑問に思い、手づくり食をはじめました。

◎ **はじめたのときの反応**

　我が家には、残飯をあさって食べるほど貪欲な元野良の母猫と、そのなんでも食べる母親に育てられた大きな息子猫の2匹がいます。よく「猫はより好みをして、ちょこちょこ食いをする」といいますが、この2匹は出されたものは出された分だけ、犬みたいにガツガツ食べる猫。なので、手づくり食もきっとすぐに食べてくれるだろうと思っていました。

　最初は、ゆでた鶏ささみを汁ごとドライフードにのせて与えていました。母猫は完食でしたが、息子猫はカリカリを好むため、食感がゆで汁によって変わることが嫌いなのか、毎回、途中で不満げな顔をこちらに向け、食べるのをやめてしまいます。そのすきに、息子の残飯を母猫が食べてしまう……その繰り返しでした。

　なので、我が家では、まずは手づくり食を与えて、食べ終わったら適量のカリカリを別のお皿で与えることにしています。

◎ **手づくり食による変化**

　ゆで豚肉と鶏レバー、そこにゆでたブロッコリーやかぶの葉、上にすりおろした生のにんじんと黒ごまをかけたレシピが我が家の人気メニュー。手づくり食をはじめて約半年以上が経ちましたが、まずは、1週間ほどで少々太り気味だった体型が引き締まりはじめました。今まで規定量のカリカリを猛スピードで食べ、「もっとくれ」と鳴いていましたが、手づくり食はカサもあり、食べるのにも時間がかかるため、満腹感があるようです。

　また、母猫も息子猫も長毛種の雑

ゆでた豚肉、だいこん、白菜と生のにんじんをおろしたものを。最後にゆで汁をかけます。

母猫は毎回最後のスープ1滴も残さず完食します。

種なので、変化はすぐに被毛のつやと触り心地で感じました。フワッフワのつやつやになり見た目もとても美しくなりました。

◎手づくり食を続けるコツ

とにかく無理をしないで「できるときだけ手づくり」を実践しています。なんでも食べる猫たちですが、同じものが続くと、やっぱり食いつきは悪くなります。今日はトッピング、週末はぜんぶ手づくり……など、緩急をつけて実践しています。

◎手づくり食の悩み

やはり、栄養バランスが気になります。100%手づくり食にできずに、フードを併用しているのもその不安があるからです。

また、息子猫はいままでカリカリを

メインに食べてきたので、100%手づくり食が2日以上続くと、ビニールの切れ端やヒモなどをいたずらで食べるようになってしまいました。食の変化がストレスになっているのかもしれません。

◎手づくり食のいいところ

キッチンで調理をしていると、猫たちがわらわらと集まってきます。お肉を切ったり、手でほぐしたりしていると待ちきれず、背伸びして、まな板に手をかけてくる……なんてこともあるほど、食事を楽しみにするように。手づくり食は、きっと猫たちの生活に張りを与えているのではないかと感じる瞬間です。

猫たちを日々観察して、ごはんを調整していく作業も、動物たちとともに暮らす楽しみのひとつと感じています。

おいしく水分量アップ！

雑種　14歳（オス）

東京都　Tさん

**素材感も楽しめるシンプルな手づくりごはんで
1日でも長生きしてほしい**

◎ **好き嫌いははっきり**

　グー太郎は14歳。すでにおじいちゃん猫ですが好奇心は旺盛です。人がキッチンに立っているとやってきて、食材のにおいをかぎたがります。そんなときは料理中のボウルなどを差し出して、気が済むまでにおいをかがせています。

　食べものの好みははっきりしていて、においをかいで興味のないもののときは、あっさりと立ち去ります。でも、気に入るとぐいぐいと上半身を乗り出してきます。

◎ **シンプルな肉系が好き**

　手づくり食は手の込んだ料理より、素材感の残るシンプルなほうが好き。また、野菜は苦手でほぼ食べません。特にピーマンやきゅうりのような青くさいものが嫌いです。肉は鶏と魚はOKですが、豚と牛は嫌いです。

　そんなわけで、うちでは鶏ささみをゆがいたものとか焼き魚の切り身や皮、味つけをしないスクランブルエッグなど、素材を加熱しただけのものをあげています。使える食材が少ないので、半分くらいは市販のドライフードやウェットも利用しています。

◎ **水気を多くして水分補給も**

　手づくりでよかったのは水分量を自然と増やせたことです。ささみをゆがいたときは、ゆで汁も一緒にボウルに入れています。魚のときも湯を少し加えています。こうするとスープまできれいに食べてくれるんです。だからフードの半分はドライですが、それでもいいかなと思っています。摂取する水分量が増えたことで腎臓の状態を維持し、健康で長生きしてほしいと思っています。

CHAPTER

4

猫の健康生活習慣

元気を保つ生活習慣

毎日を健やかに過ごすためには、もちろん食が大事。
そして、睡眠や休息も同じくらい大切です。
さらに見逃せないのがメンタル＝こころのこと。
遊びや声かけなどで、いきいきとした生活を送りましょう。

睡眠時間を大切に

　生きものとして最も大切なことは食べること。食が満たされればこころが落ち着き、食べることが五感を刺激し、好奇心も満たします。

　そして、いうまでもなく、よい眠りは質の高い暮らしに欠かせません。人間もよく眠れると、元気に過ごすことができますよね。ましてや大半を眠って過ごす猫ならなおさらです。おとなの猫の睡眠時間は1日14時間くらい。そのうち熟睡は3時間ほどですが、この長い時間を快適に過ごせるように気配りしてあげましょう。

適度なコミュニケーションがストレスを軽く

　現代の飼い猫はたいていが室内で一生を過ごします。自由に暮らせない代わりに生命の危険は下がりました。それが猫にとって幸せかどうかはさまざまな考えがありますが、外に出すことができない以上、猫のメンタル面のお世話も、ごはんや睡眠と同様、飼い主の心配りが大切です。

　ただ、人間の都合による構い過ぎは、猫にとってはストレスになるだけ。猫が構って欲しいとき、放っておいてほしいときを見極めて、ともに暮らしていきましょう。ひとりで過ごす時間も、人間と過ごす時間も充実してこそ、猫は心身共に健康でいられるのです。

健康生活の3つのポイント

食べる

食の質はもちろん、規則正しさも大切。与える量や時間など、毎日同じように続けたいものです。ごはんのときにちょっとしたコミュニケーションをもつのも、生活の張りになるでしょう。

寝る

心地よく眠れるように環境を整えましょう。猫は人間よりも2℃高めを好みます。冬はもぐりこめる毛布類を、夏はエアコンよりも風通しを重視。眠れる場所もいくつか用意できるとよいですね。

遊ぶ

室内飼いの猫にとって、運動はこころとからだにとても大切。夕食後のひとときや帰宅後の30分など、時間を決めて遊んであげていると、運動も習慣化できます。猫の「遊んで欲しい」サインも、うまくキャッチしてあげて。

毎日の観察が健康を守る

猫は自分の体調を口に出して伝えてはくれません。
変化や不調のサインに気づけるように、
日記をつけて観察力をみがきましょう。
手づくり食をはじめたら、この日々の観察が役立ちます。

動物は自分の不調を隠す

　動物は体調不良を隠します。弱っていることを知られてしまうと、野生の世界では敵に襲われる危険があるからです。その隠されている不調に気づくのが私たち飼い主の役割。腎不全や糖尿病など、知らないうちに忍び寄る慢性病なども、日々の観察で気づけば、より早く治療が行えます。また、手づくり食を与える際にも、日々の観察が欠かせません。ごはんの食べ方、うんち、おしっこ、毛並みの状態などは体調を知る大切な合図です。

日記を書こう

　体調の変化を客観的に判断するのに、日記が役に立ちます。今日と昨日の違いは気づきにくくても、日々の様子をメモしておくと、「このごはんが下痢の原因?」「この食材を与えてから調子がいい」など、長期間での体調の変化を確認できます。また、記録を続けていくうちに観察眼もみがかれていきますし、受診の際にも役立ちます。

　コツは、なるべく簡潔にメモすることです。続けやすいのはもちろんのこと、獣医師に見てもらうとき、シンプルなほうが状況を把握しやすいからです。毎日が難しい場合は、いつもと違うときだけ、記録を取るという方法でもOKです。

観察日記のススメ

日付と天気

天気と体調はリンクしていることがあります。また、飼い主がそのときのことを思いだす手がかりにもなります。

食べたもの

ごはんの内容と食べた量、食いつきなどをメモ。気に入った食材や残した食材なども記録しておくと、メニュー開発に便利です。飲んだ水の量までわかればパーフェクト。

12月20日（金）　雨（冷たい雨。夕方から冷える）

〈 朝 〉　カリカリにちょっとのせ｜○たら
　　　　　　　　　　　　　　　　　　　○ブロッコリー
　　　　　　　　　　　　　　　　　　　○にんじん

➡完食。やっぱりたらが好き?

〈 夜 〉　五目鶏｜○鶏むね肉
　　　　　　　　　　○にんじん
　　　　　　　　　　○ブロッコリー
　　　　　　　　　　○かぼちゃ
　　　　　　　　　　○かつお節

➡半分まで食べたて、途中でカリカリの催促。

〈 おしっこ 〉　早朝・夕方
〈 うんち 〉　早朝（最後のほう少しゆる目）

memo
　○目やにが出ていなかった。
　○被毛が少し油っぽい?

〈 体重 〉　5.7kg（±0kg）

うんちとおしっこ

それぞれの回数、見た目の様子、においなどをメモ。おしっこは、ときどきでよいので量や色などもメモします。くわしくは、p.112で。

体重

週1回、月1回程度でも大丈夫。長い目で見たときの変化がわかればOKです。ときどき写真をとって貼っておくと、体型の変化もわかります。

そのほか

元気だった、おとなしかった、目やにが多かった、眠る時間が長かった、爪を切ったなど、なんでもメモ。嘔吐物のことも忘れずに。

うんちとおしっこの目のつけ所

排泄物の確認は、毎日、かんたんにできる健康チェックです。
うんちとおしっこは食べものに左右されるだけではなく、
体内や、ときにはこころの不調も教えてくれます。
トイレ掃除で健康状態も把握しましょう。

ごはんが変われば、うんちも変わる

　市販のフードから手づくり食に切り替えると、まずはうんちの様子が変わります。切り替えてしばらくは、腸内環境の変化により下痢や便秘などが見られることもあります（84ページ参照）。状態が落ち着いてくると、たとえば、穀物が多めの市販フードから肉の比率の高い手づくり食に変えた場合、色は黒っぽく、においはきつめになります。でも、それが正常な反応です。

排泄物の合図を読み取る

　うんちは、色、におい、量、硬さが基本的な目のつけ所です。回数は通常は1日1回、または2日に1回。4日間、出ないときは便秘と考えられます。ごはんを工夫しても改善が見られないときは、動物病院で掻き出してもらったり、浣腸を受けたりします。

　おしっこは、色、におい、量、回数に気をつけます。色は薄い黄色なら安心です。ペットシーツで確認したり、お玉のようなもので受けたりして、ときどき確認してみてください。摂取した水分量にもよりますが、回数は1日1〜3回が目安。回数が多いのに量が少ないときも、回数は正常でも尿量が多いときも、なんらかのトラブルが疑われます。獣医師の診察を受けましょう。

排泄物で健康チェック！

うんちの色

◎明るい茶色〜焦げ茶ならOK。肉の比率が高いと黒っぽくなります。

□黒すぎる場合は小腸などからの出血、鮮血がついているときは大腸の後半〜肛門付近からの出血の可能性。白っぽいのは膵臓や胆嚢の異常、緑色っぽいのは消化管運動の過剰が疑われます。

うんちの硬さ

◎円筒形の形が保たれていて、つやがよく、みずみずしければOK。

□平たく広がるようなら下痢。円筒形でもころころと短いときは、水分不足による便秘のサイン。

うんちのにおい

◎においはきつくて正常。

□食べものを変えていないのに、においが変わったらトラブルが疑われます。

うんちのその他

□未消化のものが混じっているときは、調理法や与え方を変えるなどして様子をみます。誤食の場合もあります。

□白いものが混っていたり動いていたら、寄生虫の可能性大。動物病院で駆虫してもらいましょう。

□ゼリー状のものが付着している場合は、腸が炎症を起こして、粘液がいつもより多く出ている可能性があります。

おしっこの色

◎薄い黄色ならOK。

□薄すぎる場合は慢性腎臓病や糖尿病で尿量が増えているサイン。白く濁っていたら膀胱炎、オレンジ色は肝不全の疑いあり。赤い場合は血尿です。慢性の膀胱炎などの軽いものから腎臓病などの重篤な病気まで原因は様々あるので病院へ。

おしっこのにおい

◎においはきつくて正常。

□食べものを変えていないのに、においが変わったらトラブルを疑います。いつも以上にきついときは膀胱炎の可能性。においがしないときは、慢性腎臓病や糖尿病が原因で尿の濃度が薄くなっている可能性があります。

おしっこの量

◎1日の尿量は体重1kgあたり18〜20mlが目安。4kgの成猫なら1日72〜80mlとなります。

□便秘とは違い1日でも排尿できないと命の危険も。

おしっこのその他

□尿にキラキラ光る砂のようなものが混ざる場合は、尿路結石の可能性があります。

おうちでできるからだケア

ちょっとした習慣で健康に暮らすことができます。
猫がリラックスしていて、自分のきもちもゆったりしているとき、
いつものなでなでに加えて健康習慣をはじめてみませんか

経絡ツボマッサージ

「経絡」は東洋医学の考え方で、からだをめぐっている「気」「血」「水」を流す道のこと。ツボを刺激することでからだが整います。猫に触る手は温かいほうがよいので、冷えているときは温めてから行います。指先に力を入れすぎず、猫がうっとりした表情をする程度の力でやさしく行いましょう。

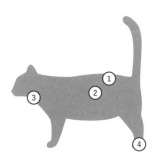

ツボの上に指を置き、「1、2、3」と数えながら、猫が痛がらない程度にゆっくりと力を強めながら押し、3秒キープ。その後、「1、2、3」と数えながらゆるめます。これを3〜5回繰り返します。

① 腰の百会（ひゃくえ）

老化防止、ストレス解消、整腸作用に。骨盤の一番広い部分と背骨が交わる、指が一番深く入る部分を押す（3〜5回）。

② 腎兪（じんゆ）

老化防止、腰痛、腎臓などの泌尿器トラブルに。一番下の肋骨から数えて2番目の腰椎の両側を押す（3〜5回）。

③ 肩井（けんせい）

肩こりに。前足をあげたときに肩の内側にできるくぼみ。人差し指〜薬指の3本でやさしく押す（両側とも3〜5回）。

④ 湧泉（ゆうせん）

ダイエットに。後足裏の一番大きな肉球のかかと側。親指で足先に向かって押す（両側とも3〜5回）。

リンパマッサージ

からだの老廃物はリンパで取り除かれます。リンパマッサージは老廃物をリンパの流れに積極的にのせることで、免疫力を高め、疲労回復やコリの解消、ストレス軽減などに効果があります。ツボマッサージと同様で、温かい手で行いましょう。

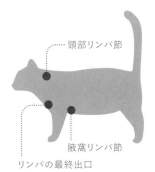

はじめにリンパの最終出口を開き（①）、背中をさすって滞っている「気」を流します（②）。その後、頸部リンパ節や腋窩リンパ節をさすったり、ツボを刺激したりしましょう（③〜⑤）。

① 最終出口

リンパの最終出口となる左肩甲骨の前側を上から下にさする（6回）。

② 背中

頭からおしりに向かってやさしくさする（10回）。

③ 頸部リンパ節

耳のつけ根からリンパの最終出口に向かって、上から下に頸部リンパ節をさする（6回）。

④ 背中

手を軽く丸め、首のつけ根からおしりまで背骨の両脇をポコポコと軽く叩いて内臓のツボを刺激します（6回）。

⑤ 腋窩リンパ節

左右の前足の脇の下には腋窩リンパ節があります。ここを軽くもみます（6回）。

頸部リンパ節

腋窩リンパ節

リンパの最終出口

ハーブボール

ハーブボールはタイやインドなどで行われる伝統医療です。何種類ものハーブを布に包みボール状にしたものを温めてから、からだに押し当てます。からだがじんわりと温まり、コリがほぐれて、自律神経やホルモンの調整、筋肉疲労、冷えなどに効果があるといわれています。

使用方法

猫用のハーブボールを使用。説明書などに記載の方法で温めたハーブボールを、からだに押し当てたら、温かさが伝わるまで、しばらくそのままにします。じんわりと温まったタイミングで、押し当てた状態をキープしながらゆっくりとさすります。

＊ハーブボール問い合わせ先：フローラルスマイル　https://floralsmile-animalherbs.com

① 首筋

首筋に押し当ててから、ゆっくりと背骨の左右についている筋肉をさすります。

② 首の付け根からのどへマッサージ

背中側の首の付け根に押し当てます。温かさが伝わったら、ゆっくりのどに向かって動かします。数回さすります。

③ お腹のマッサージ

お腹に当てて時計回りにゆっくり動かします。便秘のときは大きく「の」の字を書くように。下痢のときは反時計回りにくるくるマッサージ。

歯磨き・口腔ケア

猫は虫歯にはなりませんが歯茎の歯周ポケットに歯垢がたまることで歯周病にかかります。奥歯（臼歯）を重点的に、できれば前歯と犬歯（牙）も歯磨きをして、歯周病のリスクをおさえてあげましょう。

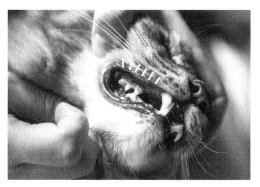

まずは、歯茎を確認し、歯肉炎になっているときは歯磨きは止めて、獣医師の診察を受けましょう。

用意するもの

・歯ブラシ
・ペット用歯磨き粉
・ティッシュペーパー
・水（小皿などに入れる）

ペット用の歯ブラシ、歯磨き粉以外にも、デンタルケア用品はさまざまあります。VOHCマークは、米国獣医口腔衛生協議会（Veterinary Oral Health Council）が歯垢・歯石のコントロールを助ける効果があると承認した製品です。

p.114-115 参考：『ねこちゃんのリンパマッサージ』（日本ペットマッサージ協会監修）、『ペットのための鍼灸マッサージマニュアル』（石野孝 澤村めぐみ 春木英子 相澤まな 小林初穂著／医道の日本社）

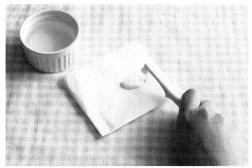

ペット用歯磨き粉をティッシュペーパーの上に少量出します。歯ブラシを小皿の水で濡らし、歯磨き粉を少量つけて歯を磨きます。1回シュッシュッとこすったら、歯ブラシを小皿の水ですすぎ、再度、歯磨き粉をつけて磨くことを繰り返します。

かんたん健康レシピ10

毎日の暮らしのなかの、ちょっとしたことにも、
猫のからだを元気にするアイデアはたくさんあります

recipe 01 水は猫の居場所の
そばに置く

　猫は案外ものぐさです。ぬくぬくとした寝床から出て遠くの部屋に行くくらいなら、多少ののどの乾きはがまんしてしまいます。水の摂取量を増やすために水はあちこちに置くのがポイントですが、猫がふだん眠っている場所の近くにも必ず置きましょう。

recipe 02 窓から
外が見えるとうれしい

　家のなかでの生活は穏やかですが、退屈もし、ストレスも溜まります。外が見られる窓があると、きもちの張りになります。また、脱走防止対策を厳重にしたうえで、窓を開けたり、ベランダに出したり、外気に触れる機会もつくってあげると、猫の気分転換につながります。

recipe 03 居場所を複数確保

　お天気や気分などによって、猫が過ごしたい場所は変わります。家のなかに猫が快適に眠れたり、身を潜めたりできる場所を複数設けてあげましょう。
　1日の日射しとともにひなたぼっこをする場所も変わります。部屋から部屋へと自由に移動ができるように、ドアは少し開けておく、猫専用のドアをつけるなどの工夫をしてあげてください。
　猫は上下の移動も大好きです。大がかりな工事はできなくても、キャットタワーを設置したり、壁面にステップをつけてみたり、また、家具の配置を工夫することもできます。

recipe 04 異物の誤飲・誤食に注意！

　猫は興味をもった物を口にしてしまいます。ヒモ、針、輪ゴム、薬など、誤飲・誤食の危険のあるものは管理に気をつけて。ユリ、スイセン、アジサイ、ヒヤシンスなどの植物には毒性があり、猫が食べると中毒の危険があります。また、猫は毛づくろいを頻繁に行います。空中に拡散するアロマオイルなど、被毛に付着するものも危険です。

recipe 05 — 夏の適温は人間より2℃高め

猫は暑さが苦手ですが、猫の適温は人間よりも2℃高め。エアコンの効きすぎに気をつけましょう。また、エアコンや扇風機の風が直接当たらない場所をつくりましょう。夏は熱中症の危険もあります。日中、締め切った部屋で猫だけで過ごす時間が長いときは、直射日光が避けられる場所も確保します。

recipe 06 — 電気カーペットはペット用を

人間用の電気カーペットやこたつは、低温やけどや脱水症の危険があります。ストーブやファンヒーターも、近づきすぎるとやけどが心配です。電気カーペットやこたつならペット用のものを使うと安心です。保温性の高い寝床に湯たんぽを入れるなどのナチュラルな方法もおすすめです。

recipe 07 — トイレの大きさ、設置場所

トイレの大きさは猫の体長の1.5倍が理想です。体長が40〜50cmとすると1〜1.5mということに。ここまで大きいトイレは、なかなかありませんが、なるべく大きなものを選んであげましょう。また、排泄は動物が最も無防備になる時間。安心して排泄ができるように、落ち着ける場所に置いてあげましょう。

recipe 08 — トイレはきれいに

猫はきれい好きな動物です。汚れたトイレを嫌がってトイレ以外の場所で排泄してしまったら元も子もありません。また、トイレをがまんして猫が体調を崩すこともあります。最低でも1日1回はトイレの掃除をしてください。猫の排泄物はにおいがきつめです。換気のしやすい場所だと人間も快適です。

recipe 09 — 猫草は好みで

猫草はその繊維質が排便をスムーズにしたり、毛玉を吐くときの刺激になったりします。与えるときは無農薬のものを選びましょう。小麦やえん麦など、種から自分で育てれば、なお安心です。猫によっては猫草に関心をもたないこともあります。かならずしも、猫草を食べなくても心配はありません。

recipe 10 — 1年に1回は健康診断

健康な猫でも、1年に1回は動物病院での健康診断を受けておくと安心です。猫の病気は思った以上に早く進行します。定期的な健診が、早期発見と治療を可能にします。高齢になったら、半年に1度は受診しておきたいものです。医師の問診には、観察日記（110ページ参照）が役に立つでしょう。

食にまつわるQ&A

手づくりごはんはからだにいい。
とはわかったけれど、まだまだ不安。
疑問の声にお答えします

Q1

ごはんの量も、必要な栄養も、
手づくりで足りているのか心配です

\/

　いろいろな食材を使うのがポイント。
私たちのごはんと同じです。

　「総合栄養食」として販売されているキャットフードは、それと水だけ摂取していれば健康に過ごせるとうたわれています。手づくり食でも同じように栄養バランスを整えられるか、不安を感じるかもしれません。それでも、フードだけを食べるよりも多彩な生きた栄養が摂れるのが手づくり食です。私たち人間も、ある程度のバランスや量は考えても厳密なことはしていないように、猫のごはんも、「たんぱく質80〜90％、野菜類10％、穀類0〜10％」（20ページ参照）のバランスを基準にして1日の分量を守れば、心配は不要です。

　ポイントは手づくり食に切り替えたあとによく猫を観察すること。きちんと食べているか？　排泄物は良好か？　痩せたり太ったりしてないか？　観察していき、その子にあった食と量を改良できたらベストです。また、人間も「1日30品目」といわれるように、多様な素材を使うことも、栄養のバランスを取ることに有効です。

　腸内環境が変わることで、はじめのうちは下痢をすることがありますが、それがあまりに続いたり、アレルギー症状など、これまでにない様子がみられた場合は、獣医師の診察を受けましょう。

猫は肉食なのに、
野菜もあげるの?

\/

ビタミンや食物繊維を摂るためです。

　猫のように肉食性が強い動物のビタミンや食物繊維の補給には野菜が効果的です。しかし、前述したように、猫の腸は短く、野菜の消化吸収は苦手。野菜はやわらかくゆでたり、細かく切ったり、すりおろしたりして与えます。野菜がどうしても嫌いな場合、ビタミンは肉類にも含まれますし、食物繊維は猫草でも役目を果たします。時間をかけても食べないときは、無理強いはしなくてもかまいません。

手づくり食に変えたら、
痩せてきたみたい

\/

手づくり食は水分が多いので
見た目の量より低カロリーです。

　ドライフードの水分含有量は10%以下ですが、手づくり食は水分量が多いので、同じ体積のドライフードよりカロリーは低くなります。満腹感があるのにカロリーは控えめなので、痩せるのは自然なことです。標準体重の猫が痩せてしまう場合は、ごはん全体の量を増やして与えてかまいません。また、脂身や皮を取り除かずに調理する、油分を加えるなどして、カロリーを増やすのもよいでしょう。

Q4　食後でもないのに強い口臭があります。

A　歯周病にかかっている可能性があります。

　口臭やよだれ、歯茎の腫れや出血の症状があれば、歯周病を疑います。ごはんを食べずらそうにする様子で気づくこともあります。症状が進むと痛くて食べられなくなることも。歯肉から細菌が入り、腎臓や心臓、肝臓などでほかの病気を引き起こす原因にもなります。一度、獣医師の診察を受けましょう。歯磨き習慣で予防につとめたいものです。

A　腸内環境が変化すると下痢になることがあります。

　食べものが変わったことによる一時的な反応のひとつだと思います。起きているときの様子に変化がなければ、脱水症状にならないように水分補給に気をつけて様子をみましょう。症状が一時的な場合は食材が傷んでいたことも考えられます。劇症の場合は獣医師の診察を受けましょう。

Q5　手づくり食にしたら下痢をしてしまって心配です。

Q6　手づくり食を食べたあとで、吐きました。大丈夫でしょうか？

A　けろっとしていれば心配はないでしょう。

　猫はよく吐く生きもの。一気食いした直後に食べたものを丸々と吐き出すことがあります。その後の様子がけろっとしていれば大丈夫。食材が体質に合わない、好みでない食材が入っていた可能性も。観察して調整しましょう。嘔吐が数日、続くようであれば、獣医師の診察を受けましょう。

手づくり食から
食物アレルギーになることは
ありませんか?

**急に食物アレルギーに
なることはありません。**

　食物アレルギーの原因となりやすいのは、牛肉、鶏肉、卵、乳製品、大豆などです。これらの材料は市販のフードにも使われています。もしアレルギー体質ならば、すでに発症している可能性が高いです。アレルギー用の市販のフードもありますが、アレルギーの原因がわかっているのならば、手づくりしたほうが原因物質を避けられます。アレルギーは突然なるというよりも、長年続けた食事が原因のことが多いようです。いろいろなものをローテーションを組むなどして、バランスよく与えられる手づくり食のほうがリスクは低いでしょう。

「おやつ」は
あげないほうがよいですか?

**あげてもOKですが
カロリーオーバーには気をつけて。**

　体のなかに入れば、ごはんもおやつもカロリー源です。おやつをあげるなら、その分、ごはんを減らしてください。また、おやつタイムを猫と飼い主がコミュニケーションをもつ場にできるといいですね。からだを動かす遊びと組み合わせるのもよいでしょう。

キャットフードのラベルの見方と選び方

手づくりを休んだ日やトッピングごはんのときに使うフードも、手づくり食と同様に質のよいものを選びたいもの。以下のようなポイントをチェックしましょう。

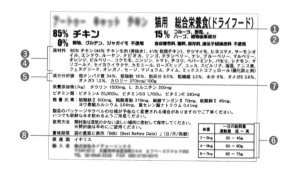

❶ **総合栄養食 or 一般食**

＊「総合栄養食」が猫の主食になるフードです。「一般食」や「おやつ」は副食です。

❷ **適する年齢や目的**

＊適する年齢や目的が記載されています。全年齢（オールステージ）対応のもののほか、子猫用、成猫用、シニア猫用、妊娠・授乳期用などがありますが、高齢や病気などで特別な栄養素が必要な場合には獣医師の指導を受けましょう。

❸ **原材料**

＊原材料は先頭から順に多く含まれていることを示しています。

＊猫のフードなら、肉（または魚）が先頭にあるのがベストですが、「肉類」、「家禽類」などの曖昧な表記は、質の悪い肉（バイプロダクトや4Dミートなど）を使っていることも。「鶏肉」、「七面鳥」、「サーモン」など具体的に書かれているものを選びます。

＊アレルギーのある子は、アレルゲンが含まれていないかを確認します。

❹ **添加物**

＊食品以外の添加物にも注目し、添加物が少ないもの、危険な添加物が含まれていないものを選びます。

＊酸化防止剤である「エトキシキン」は人には使用禁止の添加物、「BHT」、「BHA」は発ガン性が指摘されています。

＊合成着色料の「赤色2号、3号、40号、104号」は発がん性が認められています。「青色1号」、「黄色5号」はアレルギーの原因に指摘されています。

❺ **保証成分値**

＊保証成分値はたんぱく質が多いものが猫に適しています。

❻ **給餌量**

＊体重別に給餌量の目安が記されています。これを参考に、体型を見ながら与えますが、カロリー表示（❼）から必要量を割り出すこともできます。

❽ **製造年月日**

＊賞味期限、消費期限が迫っていないか、なるべく新鮮なものを選びます。インターネットなどで購入する際は製造年月日等がわかる信頼できるサイトで購入しましょう。

食材INDEX

*( )はCHAPTER2「猫に食べさせたい食材」での解説ページ。

◎肉・魚類

あじ ― (34),88

かつお ― (34),63

かつお節 ― (35),57,64,66

牛もも肉 ― (33),93

鮭 ― (34),62,65,68,88,96

さば ― (35),87

卵 ― (35),63,96,99

たら ― (34),64,95,98

鶏ガラ ― 56／以下チキンスープ ― 99

鶏ささみ ― (33),64,102

鶏むね肉 ― (33),71

鶏もも肉 ― (33),66,94,96,101

鶏レバー ― (33),73,93

煮干し ― (35)

煮干し粉 ― 54,57,64／以下煮干し粉スープ ― 95,102

ひき肉（ミンチ） ― (35),69,90

豚ロース肉 ― (33),93,100

ぶり ― (35),90

まぐろ ― (34),102

ラム肉 ― (35)

◎野菜・海藻類

オクラ ― 100

かぶ ― (37),63,69,90,96

かぼちゃ ― (36),63,66,88,93,96,98,101

ピーマン ― 100

キウイフルーツ ― 70

きゅうり ― (37),96

小松菜 ― (36),62,68,88,96,98

さつまいも ― (37),72,90,94

食材INDEX

参考文献

- 『コンパニオンアニマルの栄養学』(I・H・バーガー著 秦貞子訳 長谷川篤彦監訳／インターズー)

- 『ペットのためのハーブ大百科』
  (グレゴリー・L・ティルフォード メアリー・L・ウルフ著 金田郁子訳 金田俊介監修／ナナ・コーポレート・コミュニケーション)

- 『犬と猫のための手作り食』(ドナルド・R・ストロンベック著 浦元進訳／光人社)

- 『ナチュラル派のためのネコに手づくりごはん』(須﨑恭彦著／ブロンズ新社)

- 『かんたん！手づくり猫ごはん』(須﨑恭彦監修／ナツメ社)

- 『愛猫のための症状・目的別栄養事典』(須﨑恭彦著／講談社)

- 『てづくり猫ごはん』(古山範子監修／大泉書店)

- 『お取り分け 猫ごはん』(五月女圭紀著 はりやま佳子監修／駒草出版)

- 『おうちでかんたん猫ごはん』(廣田すず著 由本雅哉監修／成美堂出版)

- 『HOME MADE CAT FOOD 猫が喜ぶ手作りごはん』
  (NECOREPA BOOKS著／NECOREPA BOOKS)

- 『猫の寿命は8割が"ごはん"で決まる！』(梅原孝三監修／双葉社)

- 『ペットのための鍼灸マッサージマニュアル』
  (石野孝 澤村めぐみ 春木英子 相澤まな 小林初穂著／医道の日本社)

- 『猫のトッピングごはん』(阿部佐智子著 渡辺由香 阿部知弘監修／芸文社)

- 『自分の手が動物を癒すアニマルレイキ』(福井利恵著 仁科まさき編)

- 『ねこちゃんのリンパマッサージ』(日本ペットマッサージ協会監修)

- 『もっともくわしいネコの病気百科 [改訂新版]』
  (矢沢サイエンスオフィス編／学習研究社)

- 『ねこ検定公式ガイドBOOK 中級・上級編』(神保町にゃんこ堂著 清水満監修／廣済堂出版)

- 『猫のための 家庭の医学』(野澤延行著／山と溪谷社)

浴本涼子（えきもと・りょうこ）

獣医師。麻布大学獣医学部卒業後、動物病院に勤務。愛猫の闘病生活を通して、飼い主さんが自宅・自分でできるケアとして、鍼灸治療や手づくり食、マッサージ、アニマルレイキなどを学ぶ。現在は動物病院で臨床に携わるかたわら「おうちケアサポート獣医師」として、手づくり食やマッサージ、アニマルレイキ、ハーブボールを利用した「おうちケア」の体験会や講座を開催している。著書に本書『スプーン1杯からはじめる 猫の手づくり健康食』と『スプーン1杯からはじめる 犬の手づくり健康食』（ともに山と溪谷社）がある。

写真　　安彦幸枝
イラスト　サンダースタジオ
アートディレクション・デザイン　ケルン（宮本麻耶　柴田裕介　岩﨑紀子）
編集・執筆協力　山田智子
編集　宇川静（山と溪谷社）
協力　桑原奈津子　平林桂子（フローラルスマイル）　井の頭自然文化園
　　　アンケートにお答えいただいた方々
＊CHAPTER 2～4食材・商品撮影のみ編集部

スプーン1杯からはじめる
猫の手づくり健康食

2020年2月15日　初版第1刷発行

著　者　浴本涼子
発行人　川崎深雪
発行所　株式会社山と溪谷社
　　　　〒101-0051　東京都千代田区神田神保町1丁目105番地
　　　　https://www.yamakei.co.jp/
印刷・製本　株式会社光邦

◎乱丁・落丁のお問合せ先
　山と溪谷社自動応答サービス　TEL.03-6837-5018
　受付時間／10:00-12:00、13:00-17:30（土日、祝日を除く）
◎内容に関するお問合せ先
　山と溪谷社　TEL.03-6744-1900（代表）
◎書店・取次様からのお問合せ先
　山と溪谷社受注センター　TEL.03-6744-1919　FAX.03-6744-1927